草《くさ》と樹《じゅ》木《もく》のちがいってなに？

『季《き》節《せつ》の生《い》きもの事《じ》典《てん》』シリーズの①では、「草《くさ》」を観《かん》察《さつ》しました。こちらの②では「樹《じゅ》木《もく》」を観《かん》察《さつ》していきます。そこでまず、「そもそも、草《くさ》と樹《じゅ》木《もく》ってなにがちがうの？」という話《はなし》を先《さき》にしておきます。

これは草《くさ》？ これは樹《じゅ》木《もく》？

といってもじつはこれ、簡《かん》単《たん》に話《はな》すことが難《むずか》しい問《もん》題《だい》です。なぜなら、草《くさ》と樹《じゅ》木《もく》にはさまざまなとらえ方《かた》があり、考《かんが》えれば考《かんが》えるほど混《こん》乱《らん》していくからです。ですので、ここでは一《いっ》般《ぱん》的《てき》によくいわれるちがいを紹《しょう》介《かい》します。

まずは写《しゃ》真《しん》を３つ見《み》比《くら》べてみてください。

1

2

3

[1]がイチョウ、[2]がカラスノエンドウ（ヤハズエンドウ）、[3]がマンリョウです。

このうち、[1]イチョウは見《み》上《あ》げるほどの大《おお》きさなので、これは感《かん》覚《かく》的《てき》に「樹《じゅ》木《もく》だな」と思《おも》えるはずです。そして、[2]カラスノエンドウは、背《せ》の低《ひく》い植《しょく》物《ぶつ》なので、「草《くさ》」といわれて違《い》和《わ》感《かん》がないのではないでしょうか。

問《もん》題《だい》は、[3]マンリョウです。わたしたちの膝《ひざ》から腰《こし》くらいの高《たか》さしかないので、「草《くさ》かな？」と思《おも》う人《ひと》がいるかもしれませんが、これは「樹《じゅ》木《もく》」です。じつは、背《せ》の「高《たか》さ」では、草《くさ》と樹《じゅ》木《もく》は分《わ》けられないのです。

それでは、どこを見《み》ればいいの？

草《くさ》か樹木《じゅもく》かを分《わ》ける際《さい》の、いちばん簡単《かんたん》な方法《ほうほう》に、茎《くき》の「色《いろ》」と「太《ふと》さ」と「硬《かた》さ」を見《み》るという方法《ほうほう》があります。次《つぎ》のようなちがいがあります。

草《くさ》 ——→ 緑色《みどりいろ》、細《ほそ》い、やわらかい
樹木《じゅもく》→ 茶色《ちゃいろ》、太《ふと》い、硬《かた》い

少《すこ》しだけ難《むずか》しい言葉《ことば》を使《つか》うと、茎《くき》が「木化《もくか》」するかどうかが、草《くさ》と樹《じゅ》木《もく》を分《わ》けるポイントになります。

草《くさ》のカラスノエンドウと、樹木《じゅもく》のイチョウが、種子《しゅし》から芽生《めば》えたばかりのときの様子《ようす》を見《み》てみましょう4 5。すると、どちらの茎《くき》も緑色《みどりいろ》で、やわらかいことがわかります。

カラスノエンドウは春《はる》に芽生《めば》えて、その年《とし》の夏《なつ》には枯《か》れる短《みじか》い命《いのち》なので、その一生《いっしょう》で茎《くき》はずっと細《ほそ》いままです。ところが、イチョウはこれから何年《なんねん》も生《い》きて成長《せいちょう》していくので、その体《からだ》を支《ささ》えるために茎《くき》が「硬《かた》く」「太《ふと》く」なっていきます。色《いろ》も「茶色《ちゃいろ》」くなり、まさに木《き》っぽくなる（木化《もくか》）のです。

先《さき》ほど例《れい》に出《だ》したマンリョウは、背《せ》は低《ひく》くても、何年《なんねん》も生《い》きるので、やはり茎《くき》が硬《かた》く、茶色《ちゃいろ》くなっています。イチョウと比《くら》べると、太《ふと》さはそこまで太《ふと》くはないですが、芽生《めば》えたてのときから考《かんが》えれば太《ふと》くなっています。ですので、マンリョウは背《せ》が低《ひく》くても、樹木《じゅもく》としてとらえます。

カラスノエンドウ

イチョウ

タケは草《くさ》？ 樹《じゅ》木《もく》？

この話《はなし》でよく出《で》てくるのが「タケ」です6。茎《くき》が硬《かた》くなるので樹《じゅ》木《もく》かなと思《おも》いますが、茎《くき》は緑色《みどりいろ》のままですし、太《ふと》くならないので、その点《てん》では草《くさ》のようです。樹《じゅ》木《もく》のようでも、草《くさ》のようでもあるので困《こま》ってしまいます。

そこでタケは、草《くさ》とも樹木《じゅもく》ともいわず、苦《くる》しまぎれに「タケは、タケだね……」なんていったりします。

このように、ある定義《ていぎ》を作《つく》って、植物《しょくぶつ》を草《くさ》か樹木《じゅもく》かに分《わ》けていくと、必《かなら》ずそれでは整理《せいり》がつかないものが出《で》てきます。それじゃ困《こま》るじゃないかと思《おも》う人《ひと》がいるかもしれませんが、簡単《かんたん》に整理《せいり》することができないほど、植物《しょくぶつ》は多様《たよう》なのです。わたしは、植《しょく》物《ぶつ》のそういうところがおもしろいなと思《おも》っています。

木《き》の高《たか》さについて

もうひとつだけ、補足《ほそく》しておきます。イチョウは大《おお》きな樹木《じゅもく》で、マンリョウは小《ちい》さな樹木《じゅもく》です。たまに、「マンリョウはこのまま成《せい》長《ちょう》したら、イチョウくらいに大《おお》きくなりますか？」と質問《しつもん》を受《う》けることがあります。その答《こた》えは「ＮＯ《ノー》」です。

樹木《じゅもく》は、その種類《しゅるい》によって、成《せい》木《ぼく》（大人《おとな》の木《き》）になったときの樹《じゅ》高《こう》が異《こと》なります。イチョウは、環《かん》境《きょう》によっては樹高《じゅこう》30メートルほどにも成長《せいちょう》できるポテンシャルをもっていますが、マンリョウは大《おお》きくなっても、せいぜい1～2メートルほどにしかなりません。自分《じぶん》が大《おお》きくなれる高《たか》さは、種類《しゅるい》によってあらかじめ決《き》まっているのです。

　このことがわかっていると、樹木《じゅもく》を探《さが》すときに役立《やくだ》ちます。たとえば、3月《がつ》で紹介《しょうかい》するハナズオウ[7]は、成木《せいぼく》の樹高《じゅこう》が2～5メートルほどの樹木《じゅもく》です。前《まえ》ページのイチョウのような大《たい》木《ぼく》にはならないので、首《くび》をのけぞって見上《みあ》げるような樹木《じゅもく》は、もうそれだけでハナズオウではないとわかります。

7

背《せ》の高《たか》い木《き》はどうやって観察《かんさつ》する？

　ハナズオウのような背《せ》の低《ひく》い木《き》は観察《かんさつ》がしやすいですが、イチョウのように背《せ》の高《たか》い木《き》は、目線《めせん》よりもずっと高《たか》いところに花《はな》や実《み》がつくため、観察《かんさつ》するのが難《むずか》しい場《ば》合《あい》があります。

　わたしのおすすめは「橋《はし》があったら渡《わた》る」です。街《まち》なかの歩道橋《ほどうきょう》の上《うえ》に行《い》くと、街路樹《がいろじゅ》の葉《は》っぱや花《はな》を目《め》線《せん》の高《たか》さで見《み》られることがあります。下《した》から見上《みあ》げても、ぼんやりとしか見《み》えないイチョウの種子《しゅし》（銀《ぎん》杏《なん》）も、目線《めせん》の高《たか》さで見《み》ればばっちりわかります[8][9]。安全《あんぜん》には注意《ちゅうい》して、観察《かんさつ》してみてください。

　また、「樹木《じゅもく》の落《お》とし物《もの》を観察《かんさつ》する」という方法《ほうほう》もあります。

　たとえばクスノキは、直径《ちょっけい》5ミリメートルほどの小《ちい》さな花《はな》を咲《さ》かせます。間近《まぢか》で見《み》ないとどういう作《つく》りか観察《かんさつ》することが難《むずか》しい大《おお》きさですが、残念《ざんねん》ながらこの花《はな》は、高《たか》い枝《えだ》に咲《さ》いていることが多《おお》いです。そんなときはあきらめず、足元《あしもと》の地面《じめん》を探《さが》してみてください。強風《きょうふう》などの影響《えいきょう》で、たまに花《はな》が落《お》ちていることがあります[10]。落《お》ちているものなら、手《て》にとってしっかりと観察《かんさつ》することができます。また、果実《かじつ》や種子《しゅし》はよく地面《じめん》に落《お》ちているので、特《とく》に秋《あき》は、下《した》を見《み》て楽《たの》しむという方《ほう》法《ほう》はおすすめです。

8

9

10

草《くさ》と樹木《じゅもく》のちがいについては、これくらいにしておきます。この本《ほん》では、四季《しき》折々《おりおり》、植物《しょくぶつ》の観察《かんさつ》テーマを取《と》り上《あ》げて紹介《しょうかい》します。登場《とうじょう》する植物《しょくぶつ》は、通学路《つうがくろ》の街路樹《がいろじゅ》や、近隣《きんりん》の公園《こうえん》、校《こう》庭《てい》に植《う》えられているものが中心《ちゅうしん》です。この本《ほん》にちりばめられている観察《かんさつ》のヒントを参考《さんこう》に、読者《どくしゃ》の皆《みな》さんなりの観察《かんさつ》を楽《たの》しんでください！

季節《きせつ》の 2 生《い》きもの事典《じてん》

身《み》近《ぢか》な樹《じゅ》木《もく》の生《い》き方《かた》観《かん》察《さつ》12か月《げつ》

鈴《すず》木《き》純《じゅん》著《ちょ》

文《ぶん》一《いち》総《そう》合《ごう》出《しゅっ》版《ぱん》

樹《じゅ》木《もく》観《かん》察《さつ》をはじめよう！

樹木《じゅもく》は、いつもそこにいてくれる

わたしにとって、樹《じゅ》木《もく》観察《かんさつ》のいちばんの魅《み》力《りょく》は、「観察《かんさつ》したくなったら、すぐに観察《かんさつ》できること」です。なぜなら樹木《じゅもく》は、学校《がっこう》の通学《つうがく》路《ろ》のような毎日《まいにち》、通《とお》る道沿《みちぞ》いに、街路樹《がいろじゅ》として植《う》えられているからです。ですので、樹木《じゅもく》観察《かんさつ》は、信号待《しんごうま》ちをしながら、友《とも》だちの家《いえ》に向《む》かいながら、何《なに》かのついでに楽《たの》しむことができます。

わたしはこれを「ながら観察《かんさつ》」と呼《よ》んでいます。これくらいの気《き》軽《がる》な気持《きも》ちで、多《おお》くの人《ひと》に樹木観察《じゅもくかんさつ》を楽《たの》しんでもらいたいなと思《おも》っています。

また、人《ひと》が植《う》えた街《がい》路樹《ろじゅ》や庭木《にわき》以外《いがい》にも、道《みち》ばたに運《はこ》ばれてきた種子《しゅし》から勝手《かって》に生《は》えてきた樹木《じゅもく》もいるので、それも探《さが》してみてください[1][2]。

四季《しき》の変化《へんか》を楽《たの》しもう！

いつも通《とお》る道《みち》で観察《かんさつ》をしていると、樹木《じゅもく》がよく目立《めだ》つ時《じ》期《き》以外《いがい》の魅力《みりょく》に気《き》がつくことがあります。樹木《じゅもく》が目立《めだ》つのは、多《おお》くの場合《ばあい》、花《はな》が咲《さ》いているときです。たとえばサルスベリは、夏《なつ》にピンク色《いろ》の花《はな》をたくさん咲《さ》かせ、遠《とお》くからでも気《き》がつくほどの存在感《そんざいかん》があります[3]。

花《はな》が咲《さ》かなくなる秋以降《あきいこう》、サルスベリの存在感《そんざいかん》はうすまりますが、いなくなってしまったわけではありません。樹木《じゅもく》はいつもそこにいますので、ぜひ観察《かんさつ》を続《つづ》けてください。きっと何《なに》か新《あたら》しい発見《はっけん》があるはずです。

サルスベリの葉《は》っぱが少《すこ》し色《いろ》づいてきたころに枝《えだ》を見《み》ると、濃《こ》い茶色《ちゃいろ》の丸《まる》い粒《つぶ》がいくつもついていることがわかります。果実《かじつ》です。中《なか》には、種子《しゅし》が入《はい》っています。種子《しゅし》にはプロペラのようなものがついていて、上《うえ》に放《ほう》り投《な》げると、くるくる回《まわ》りながらゆっくりと落《お》ちていきます。これでわかりました。サルスベリは、風《かぜ》に乗《の》って移動《いどう》する樹木《じゅもく》だったのです4～6。

こういうことに気《き》がつくと、ほかの樹木《じゅもく》はどうかな？　と気《き》になってきます。そうしたら、ぜひ近《ちか》くの樹木《じゅもく》の果実《かじつ》や種子《しゅし》を探《さが》して観察《かんさつ》してみてください。

こうして、観察《かんさつ》と発見《はっけん》をくり返《かえ》していくと、観察《かんさつ》のテーマはいつまでもつきることがありません。

4

5

6

月《つき》ごとにテーマを決《き》めて、植物《しょくぶつ》を紹介《しょうかい》していきます

植物《しょくぶつ》は、季節《きせつ》によってもその見《み》え方《かた》が大《おお》きく変《か》わります。ですので、観察《かんさつ》のテーマも季節《きせつ》ごとに少《すこ》しずつ変化《へんか》していきます。

この本《ほん》では、わたしだったらこの月《つき》はこのテーマで楽《たの》しみます、ということを紹介《しょうかい》していきます。植物観察《しょくぶつかんさつ》の仕方《しかた》に正解《せいかい》はありませんので、これはあくまでも「観察《かんさつ》のヒント」と思《おも》ってください。参考《さんこう》として楽《たの》しんでいただいたら、次《つぎ》は皆《みな》さんなりの楽《たの》しみ方《かた》で植物《しょくぶつ》に近《ちか》づいてみてください。

もくじ

春《はる》

樹《じゅ》木《もく》観《かん》察《さつ》の春《はる》は、木《き》の枝《えだ》先《さき》に注《ちゅう》目《もく》することからはじまります。
辺《あた》りがあたたかくなってくると、
冬《ふゆ》の間《あいだ》にかたくしまっていた芽《め》が少《すこ》しずつふくらんでいき、
やがてその中《なか》身《み》が外《そと》に飛《と》び出《だ》してきます。
新《あたら》しい葉《は》っぱや花《はな》が顔《かお》を出《だ》せば、もう春《はる》です。
心《こころ》はずむ季《き》節《せつ》を存《ぞん》分《ぶん》に楽《たの》しみましょう！

3月《がつ》

春《はる》のスタートダッシュ！

まずは花《はな》を咲《さ》かせる樹《じゅ》木《もく》

3月《がつ》になると、木《き》全《ぜん》体《たい》が白《しろ》くそまった街《がい》路《ろ》樹《じゅ》が目《め》に入《はい》るようになります。これが見《み》つかると、いよいよ樹《じゅ》木《もく》の春《はる》の到《とう》来《らい》です。3月《がつ》はまず、よく目《め》立《だ》つ樹《じゅ》木《もく》の花《はな》観《かん》察《さつ》からはじめていきましょう。

3月《がつ》にまず覚《おぼ》えてほしいのがハクモクレンとコブシです。この2種《しゅ》類《るい》は、白《しろ》い花《はな》を木《き》全《ぜん》体《たい》にたくさん咲《さ》かせる樹《じゅ》木《もく》なので、街《まち》なかでよく目《め》立《だ》ちます。白《しろ》くなった街《がい》路《ろ》樹《じゅ》を探《さが》して、花《はな》に近《ちか》づいてみてください[1]。

これはハクモクレン

どっちが、どっち？

どちらもよく目《め》立《だ》つので、その存《そん》在《ざい》にはすぐに気《き》がつくと思《おも》います。

ただ、困《こま》ってしまうのは、どちらがハクモクレンで、どちらがコブシなのだろうか、ということです。なにせ、この2つの花《はな》は、とってもよく似《に》ているのです[2][3]。

クモクレンとコブシの見《み》分《わ》け方《かた》」だと思《おも》ってください。

似《に》ている花《はな》の、ちがうところ探《さが》し

たとえよく似《に》ていても、種類《しゅるい》がちがうのであれば、必《かなら》ずどこかにちがいがあります。この2種《しゅ》の場合《ばあい》なら、まずは花《はな》の後《うし》ろに注目《ちゅうもく》してみましょう。

すると、ハクモクレンの花《はな》の後《うし》ろには何《なに》もないのに、コブシの花《はな》の後《うし》ろには緑色《みどりいろ》の葉《は》っぱがちょこんとついているのがわかります[4]。これを目印《めじるし》にすれば、この2種《しゅ》は簡単《かんたん》に見分《みわ》けることができます。

そのほか、ハクモクレンの花《はな》はみんな上《うえ》を向《む》いて咲《さ》くのに対《たい》し[5]、コブシの花《はな》はあちこち向《む》いて咲《さ》く[6]、というちがいがあるなど、よく観察《かんさつ》すれば、さまざまなちがいが見《み》えてきます。

4

6

5

花《はな》が咲《さ》きおわってから、葉《は》っぱを出《だ》す

7 ハクモクレン

8 コブシ

3月《がつ》にはよく目立《めだ》っていたこの2種《しゅ》は、花《はな》が咲《さ》き終《お》わると急《きゅう》に存在感《そんざいかん》がうすくなります。白《しろ》い花《はな》が散《ち》り、緑色《みどりいろ》の葉《は》っぱを出《だ》すようになるからです[7][8]。4月《がつ》になると、ハクモクレンとコブシ以外《いがい》にも多《おお》くの樹木《じゅもく》が葉《は》っぱを出《だ》します。そうすると、いろいろな樹木《じゅもく》に存在《そんざい》がうもれてしまい、なかなか見《み》つけにくくなってしまうのです。

ハクモクレンやコブシが花《はな》を咲《さ》かせる3月《がつ》はまだ寒《さむ》く、虫《むし》の活動《かつどう》があまり活発《かっぱつ》ではありません。それでもこの時期《じき》に咲《さ》くと、ほかに虫《むし》を取《と》りあうライバルが少《すく》ないので、虫《むし》に優先的《ゆうせんてき》に花《はな》をおとずれてもらえるというメリットがあります。春《はる》の植物観察《しょくぶつかんさつ》は、葉《は》っぱより先《さき》に花《はな》を咲《さ》かせる樹木《じゅもく》からはじめてみてください。

おまけ情報《じょうほう》　野山《のやま》に行《い》くと、このほかにも「タムシバ」や「シデコブシ」など、よく似《に》た花《はな》があります。この見分《みわ》け方《かた》はあくまで「ハ

ヒュウガミズキ

トサミズキ

トサミズキとヒュウガミズキ

(マンサク科《か》)

ハクモクレンとコブシのように、たがいに似《に》ていて見分《みわ》けられないとよくいわれるトサミズキとヒュウガミズキ。春《はる》、真《ま》っ先《さき》に葉《は》っぱよりも先《さき》に黄色《きいろ》い花《はな》を咲《さ》かせます。簡単《かんたん》な見分《みわ》け方《かた》は、花《はな》の数《かず》。トサミズキは、1本《ぽん》の軸《じく》に5～10個《こ》の花《はな》がつくのに対《たい》し、ヒュウガミズキは2～4個《こ》ほどしかつきません。

シュの花《はな》

葉《は》っぱよりも先《さき》に花《はな》を咲《さ》かせる樹木《じゅもく》はほかにもあります。身近《みぢか》なところで探《さが》してみてください。

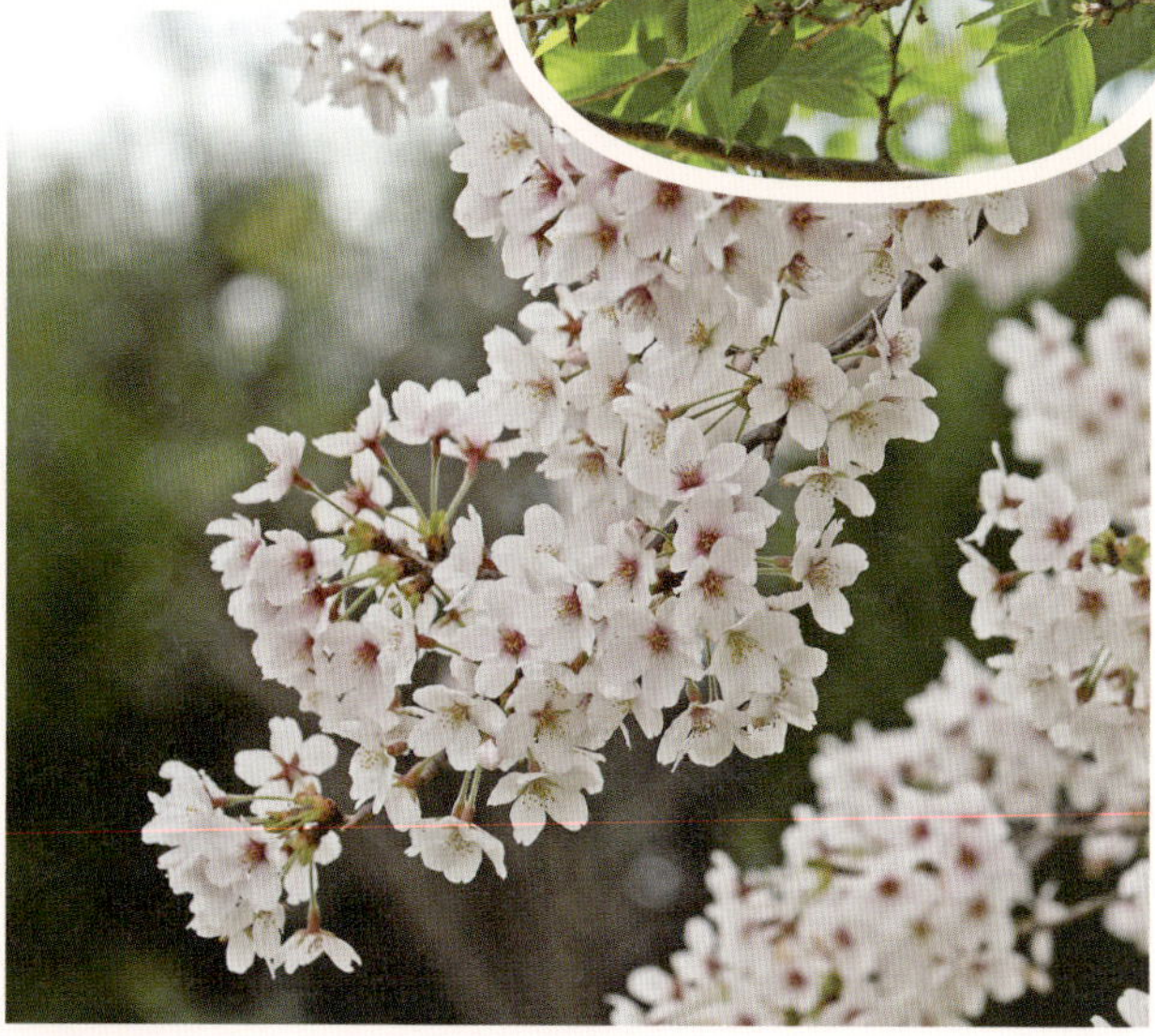

ソメイヨシノ

(バラ科《か》)

知名度抜群《ちめいどばつぐん》のソメイヨシノも、花《はな》を一気《いっき》に咲《さ》かせる樹木《じゅもく》です。花《はな》が終《お》わったころに見《み》に行《い》くと、緑色《みどりいろ》の葉《は》っぱをたくさん出《だ》す姿《すがた》になっていますので、花《はな》が終《お》わってからも観察《かんさつ》してみてください。

ハナズオウ
(マメ科《か》)

細《ほそ》い枝《えだ》に、紫色《むらさきいろ》の花《はな》をたくさんつけるハナズオウ。これも、花《はな》が咲《さ》き終《お》わるころに葉《は》っぱを出《だ》します。葉《は》っぱの色《いろ》や形《かたち》もとてもきれいなので、ぜひ見《み》ていただきたいです。

3月《がつ》 春《はる》のスタートダッ

サンシュユ
(ミズキ科《か》)

遠《とお》くから見《み》たときに、枝《えだ》付近《ふきん》がぼんやり黄色《きいろ》くなっている樹木《じゅもく》があれば、それはサンシュユかもしれません。近《ちか》づくと、黄色《きいろ》く細《こま》かい花《はな》が多《た》数《すう》咲《さ》いているのがわかります。冬《ふゆ》と春《はる》が切《き》りかわるころに咲《さ》くので、春《はる》を告《つ》げる花《はな》として親《した》しまれています。

ユキヤナギ
(バラ科《か》)

長《なが》くすっと伸《の》びた枝《えだ》に、白《しろ》い花《はな》がびっしりとついています。ユキヤナギの場合《ばあい》は、花《はな》と同時《どうじ》に葉《は》っぱを出《だ》しますが、花《はな》が目立《めだ》ちすぎるため、なかなか葉《は》っぱの存在《そんざい》に気《き》がつきません。枝《えだ》を下《した》のほうから見《み》ると葉《は》っぱが見《み》つかるので、かくれた葉《は》っぱ探《さが》しをしてみてください。

4月《がつ》

新《しん》緑《りょく》にかくれた花《はな》を探《さが》そう

木々《きぎ》が続々《ぞくぞく》と芽吹《めぶ》き出《だ》す季節《きせつ》。枯《か》れ姿《すがた》だった樹木《じゅもく》が、あわい緑色《みどりいろ》に染《そ》まっていく様子《ようす》には、毎年《まいとし》感動《かんどう》します。4月《がつ》は、葉《は》っぱと花《はな》を同時《どうじ》に出《だ》す樹木《じゅもく》がよく見《み》られます。3月《がつ》とはちがう、春《はる》の雰囲気《ふんいき》を楽《たの》しみましょう。

今回《こんかい》はまず、ケヤキから見《み》ていきます。なぜならケヤキは、葉《は》っぱがついていなくても見分《みわ》けることができるからです。公園《こうえん》や街《まち》なかの樹木《じゅもく》を遠《とお》くから見《み》て、ほうきを逆《さか》さまにしたような姿《すがた》の木《き》があれば、大体《だいたい》それはケヤキです1。見《み》つけたら今度《こんど》は枝先《えださき》に近《ちか》づいてみてください。

枝《えだ》先《さき》の芽《め》から、葉《は》っぱが続々《ぞくぞく》

見《み》るタイミングによって、ケヤキの枝先《えださき》はさまざまな姿《すがた》をしています。まず、4月《がつ》の早《はや》い時期《じき》に見《み》ると、枝《えだ》よりも少《すこ》しだけ太《ふと》く、先《さき》がとがった茶色《ちゃいろ》のものがついています2。これはケヤキの冬芽《ふゆめ》です（冬芽《ふゆめ》については56ページで）。4月《がつ》は、この冬芽《ふゆめ》がふくらむ季節《きせつ》なので、いろいろな枝先《えださき》を探《さが》すと、3のようなものも見《み》つかるはずです。そして、ふくらんだ冬芽《ふゆめ》は45のように、その中身《なかみ》を次々《つぎつぎ》に出《だ》してきます。出《で》てきたものは、見《み》てわかる通《とお》り、葉《は》っぱです。

してみてください。

じつは枝《えだ》も出《で》ている

小《ちい》さく若《わか》い葉《は》っぱはとてもかわいいので、ついそればかり見《み》てしまいますが、じつは冬芽《ふゆめ》の中《なか》からは葉《は》っぱ以外《いがい》のものも出《で》てきています。お気《き》づきだったでしょうか。もう一度《いちど》、5を見返《みかえ》してみてください。

ひとつの芽《め》から、葉《は》っぱが複数枚《ふくすうまい》出《で》てくるということは、その葉《は》っぱ同士《どうし》をつなぐものが必要《ひつよう》です。それが何《なに》かというと、そう。枝《えだ》です。とても地味《じみ》ではありますが、新緑《しんりょく》の中《なか》には、葉《は》っぱ以外《いがい》にも枝《えだ》が入《はい》っているのです。ぜひ観察《かんさつ》してみてください。

花《はな》が出《で》てきた！

6

7

そして、枝《えだ》についた葉《は》っぱが大《おお》きくなると、6のようになります。もう子《こ》どもの葉《は》っぱではないけれど、大人《おとな》の葉《は》っぱというにはまだ少《すこ》し若《わか》い、という雰囲気《ふんいき》です。この状況《じょうきょう》まで来《き》たら、今度《こんど》は葉《は》っぱのつけ根《ね》に注目《ちゅうもく》です7。何《なに》か、粒《つぶ》のようなものが見《み》えないでしょうか。近《ちか》づいてみると、89のようなものが見《み》えました。じつはこれ、ケヤキの花《はな》です。雄《お》しべが見《み》える8が雄花《おばな》で、雌《め》しべが見《み》える9が雌花《めばな》です。なんとケヤキは、4月《がつ》の間《あいだ》に葉《は》っぱと枝《えだ》、そして花《はな》までを一気《いっき》に出《だ》していたのです。

このように春《はる》の樹木《じゅもく》は、ちょっと目《め》をはなすとすぐに姿《すがた》を変《か》えてしまいます。毎日《まいにち》のように観察《かんさつ》して、その変化《へんか》を楽《たの》しんでもらいたいです。

8

9

おまけ情報《じょうほう》　花《はな》が咲《さ》く枝《えだ》と、咲《さ》かない枝《えだ》があります。花《はな》が咲《さ》かない枝《えだ》には葉《は》っぱしかついていませんので、花《はな》が咲《さ》いている枝《えだ》を探《さが》

エノキ（アサ科《か》）

公園《こうえん》や道沿《みちぞ》いで、大木《たいぼく》を見《み》かけることがあるエノキ。これも若葉《わかば》といっしょに花《はな》を咲《さ》かせることがあります。出《で》てきたばかりの葉《は》っぱはうすい黄色《きいろ》なので、探《さが》すときはその色合《いろあ》いが目印《めじるし》になります。

ふとしたところで大木《たいぼく》に出会《であ》うことがある

イチョウ（イチョウ科《か》）

街路樹《がいろじゅ》でよく見《み》るイチョウ。芽《め》吹《ぶ》きのときから小《ちい》さなイチョウの葉《は》の形《かたち》をしているので、とても愛《あい》らしいです。中《なか》には、葉《は》っぱといっしょに雄花《おばな》を出《だ》しているものと、雌花《めばな》を出《だ》しているものがあるので、近《ちか》くのイチョウで探《さが》してみてください。

雄花《おばな》がいっしょに出《で》ている

雌花《めばな》がいっしょに出《で》ている

葉《は》っぱだけ出《で》ている

一《いっ》気《き》に出《だ》す樹《じゅ》木《もく》

アオキ（アオキ科《か》）

冬《ふゆ》に葉《は》っぱを落《お》とす落葉樹《らくようじゅ》だけではなく、冬《ふゆ》にも葉《は》っぱがついている常緑樹《じょうりょくじゅ》でも、春《はる》に芽吹《めぶ》きの観察《かんさつ》ができるものがあります。身近《みぢか》で観察《かんさつ》しやすい樹木《じゅもく》としては、アオキを探《さが》してもらいたいです。ほかに紹介《しょうかい》したものと同《おな》じように、やはり葉《は》っぱだけの芽吹《めぶ》きと、葉《は》っぱと花《はな》がいっしょに芽吹《めぶ》くものがあります。

葉《は》っぱと花《はな》（これは雌花《めばな》）がいっしょの芽吹《めぶ》き

葉《は》っぱだけの芽吹《めぶ》き

ドウダンツツジ（ツツジ科《か》）

道路沿《どうろぞ》いの植《う》え込《こ》みなどでよく見《み》ます。枯《か》れ姿《すがた》だった生《い》け垣《がき》が白《しろ》くなりはじめていたら、ぜひ近《ちか》づいてみてください。ドウダンツツジの白《しろ》い花《はな》が咲《さ》いているはずです。これも、ひとつの芽《め》から花《はな》と葉《は》っぱの両方《りょうほう》が出《で》てきています。

葉《は》っぱといっしょに花《はな》が出《で》ている

葉《は》っぱが少《すこ》し大《おお》きくなると、すっかりモミジの葉《は》っぱに

イロハモミジ
(ムクロジ科《か》)

街《まち》なかで見《み》るモミジとしては、おそらくいちばん見《み》る機会《きかい》が多《おお》いイロハモミジ。新《あたら》しい葉《は》っぱはジャバラ折《お》りになって出《で》てくるので、その収納《しゅうのう》術《じゅつ》にはおどろかされます。これも探《さが》せば、花《はな》といっしょに葉《は》っぱを出《だ》しているものが見《み》つかります。

ジャバラ折《お》りで出《で》てくる葉《は》っぱ

葉《は》っぱだけ出《で》ている

葉《は》っぱと花《はな》がいっしょに出《で》ている

雌花《めばな》

雄花《おばな》

4月《がつ》 葉《は》っぱと花《はな》を

ヤマブキ
(バラ科《か》)

山吹色《やまぶきいろ》の花《はな》がよく目《め》立《だ》つヤマブキ。ひとつの芽《め》から、花《はな》と葉《は》っぱの両方《りょうほう》が出《で》てくる姿《すがた》は、まるで新緑《しんりょく》がバンザイしているようでとても愛《あい》らしいです。植《しょく》物《ぶつ》も、春《はる》をよろこんでいるかのようで、見《み》ているこちらもうれしくなります。

できれば同《おな》じ木《き》の同《おな》じ枝《えだ》を観察《かんさつ》し続《つづ》けることをおすすめします。自分《じぶん》の木《き》を決《き》めて、毎日《まいにち》見《み》ていると、それだけで愛着《あいちゃく》がわいてくるものです。

アオキの雄花《おばな》

葉《は》っぱが大《おお》きくなると、こんな姿《すがた》になる

5月《がつ》

目《め》立《だ》つ花《はな》がたくさん咲《さ》く季《き》節《せつ》

花《はな》の観《かん》察《さつ》をじっくりしてみよう

5月《がつ》になると、目《め》立《だ》つ花《はな》をよく見《み》るようになります。目《め》線《せん》の高《たか》さで咲《さ》くものも多《おお》いので、花《はな》の作《つく》りをじっくりと観《かん》察《さつ》するには絶《ぜっ》好《こう》の季《き》節《せつ》です。

4～5月《がつ》にかけては、ツツジの花《はな》が多《おお》く咲《さ》きます。植物《しょくぶつ》になれている人《ひと》は、[1] [2]のような花《はな》を見《み》れば「ツツジの仲間《なかま》だな」とわかるものですが、どうしたらそう認識《にんしき》できるようになるのでしょうか。

ポイントはズバリ、「形《かたち》に注目《ちゅうもく》」です。花《はな》のグループは、形《かたち》に共通点《きょうつうてん》のあるものでまとめて整理《せいり》されているので、形《かたち》を観《かん》察《さつ》すれば、そのグループが推定《すいてい》できるようになります。

ヒラドツツジ

ヤマツツジ

花《はな》の形《かたち》を見《み》て、数《かず》を数《かぞ》えよう

サツキで見《み》ていきましょう。正面《しょうめん》から見《み》ると、花《はな》の先端《せんたん》は「5」つに分《わ》かれて広《ひろ》がっていますが、横《よこ》から見《み》ると、それらは根元《ねもと》でくっつき、細《ほそ》くなっていることがわかります[3] [4]。この、ろうとのような姿《すがた》が、ツツジの花《はな》の形《かたち》です。

次《つぎ》は雄《お》しべと雌《め》しべの数《かず》を数《かぞ》えてみます。雄《お》しべは「5」本《ほん》で、雌《め》しべは「1」本《ぽん》あります[5]。5と1で共通点《きょうつうてん》がなさそうですが、雌《め》しべの先端《せんたん》を正面《しょうめん》から見《み》ると、なんとそこが「5」つに分《わ》かれています[6]。サツキは5が基本《きほん》の数《かず》で、これもツツジの仲間《なかま》の共通点《きょうつうてん》です（雄《お》しべが10本《ぽん》のツツジもありますが、それも5の倍数《ばいすう》ですね!）。

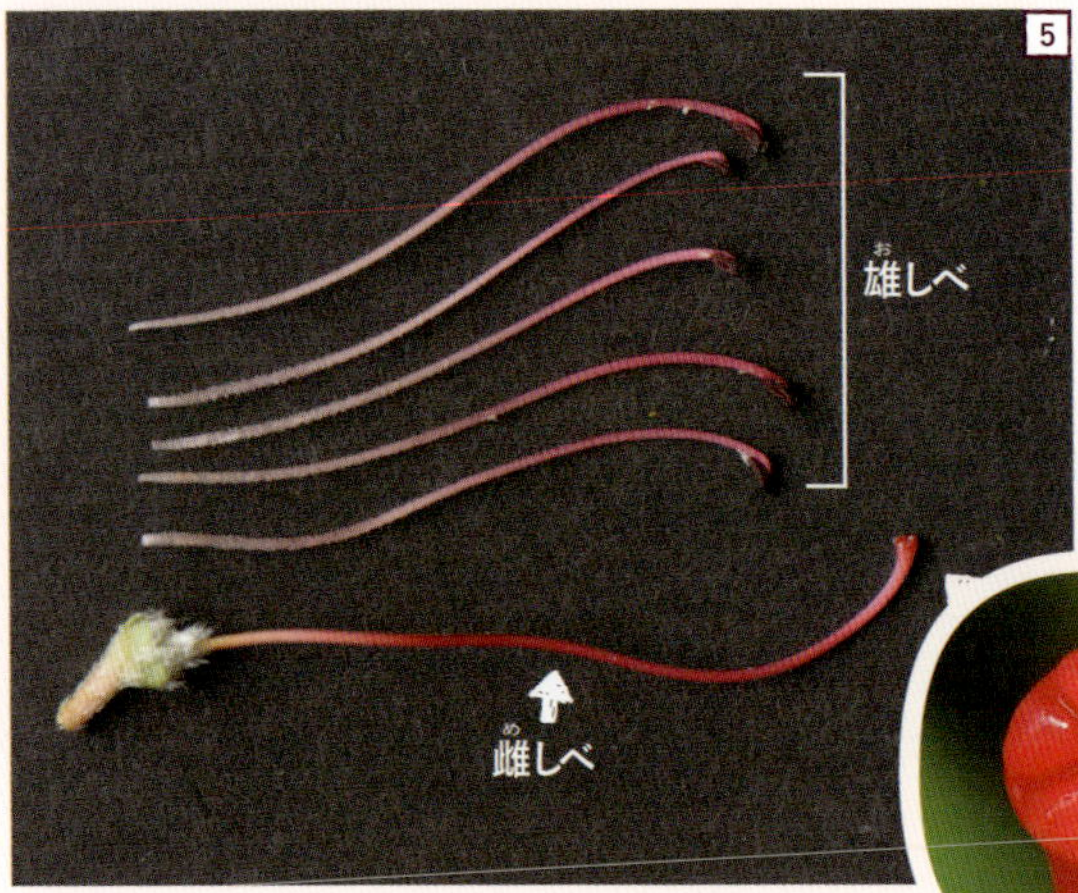

徴《ちょう》があります。

謎《なぞ》の模様《もよう》も発見《はっけん》

多《おお》くのツツジに共通《きょうつう》の特徴《とくちょう》で、虫《むし》に蜜《みつ》のありかを知《し》らせる効果《こうか》があります。7のようにサツキの花《はな》を割《わ》り、模様《もよう》の下《した》のほうへたどっていくと……、やっぱり蜜《みつ》がありました8！

まだあります。今度《こんど》は3を見返《みかえ》してください。花《はな》の一部《いちぶ》に濃《こ》い斑点《はんてん》がついていることに気《き》づくでしょうか。これも

7

8

花粉《かふん》にも特徴《とくちょう》が

さらに続《つづ》いて、今度《こんど》は雄《お》しべの先端《せんたん》に注目《ちゅうもく》です。ツツジの仲間《なかま》の多《おお》くは、花粉《かふん》の入《はい》った袋《ふくろ》に穴《あな》が開《あ》いていて、白《しろ》い花粉《かふん》が出《で》ています9。花粉《かふん》はねばねばの糸《いと》でつながっているので、ちょっと触《ふ》れると、ずるずるっと連《つら》なってついてきます10。蜜《みつ》を吸《す》いに来《き》た虫《むし》には、こうして多《おお》くの花粉《かふん》がくっつきます。よくできた作《つく》りにびっくりです。

10

9

いかがでしょうか。これくらい特徴《とくちょう》を押《お》さえれば、もうツツジの仲間《なかま》は認識《にんしき》できるようになるのではないでしょうか。形《かたち》に注目《ちゅうもく》して観察《かんさつ》していると、虫《むし》との関係《かんけい》まで見《み》えてくるのが、観察《かんさつ》のおもしろいところですね。

おまけ情報《じょうほう》　今回《こんかい》は花《はな》の形《かたち》が「ろうと形《がた》」のツツジの話《はなし》を書《か》きました。「筒形《つつがた》」「壺形《つぼがた》」のツツジの仲間《なかま》には、またちがった特《とく》

ヤマボウシ（ミズキ科《か》）

ハナミズキ同様《どうよう》、白《しろ》い花《はな》びらに見《み》える部分《ぶぶん》は総苞《そうほう》で、本物《ほんもの》の花《はな》は中心部《ちゅうしんぶ》に集《あつ》まって咲《さ》いています。白《しろ》い総苞片《そうほうへん》の先《さき》がとがるのが、ハナミズキとのよい区別点《くべつてん》。ハナミズキは4月中《がつちゅう》～下旬《げじゅん》から5月初旬《がつしょじゅん》にかけて咲《さ》くのに対《たい》し、ヤマボウシは5月中旬《がつちゅうじゅん》ころに咲《さ》きます。

ハナミズキ（ミズキ科《か》）

街路樹《がいろじゅ》などでよく見《み》ます。遠《とお》くからだと、白《しろ》やピンクの花《はな》びらがついているように見《み》えますが、じつはこれは葉《は》っぱが花《はな》びらのように変化《へんか》したもの（総苞《そうほう》といいます）。本当《ほんとう》の花《はな》びらは、その中心《ちゅうしん》に近《ちか》づくと観察《かんさつ》できます。

観察《かんさつ》しよう

目立《めだ》つ花《はな》の観察《かんさつ》は簡単《かんたん》！ 遠《とお》くから見《み》つけて、近《ちか》づいていくだけです。5月《がつ》に咲《さ》く花《はな》を紹介《しょうかい》します。

ハクウンボク

（エゴノキ科《か》）

花《はな》ひとつだけを見《み》るとエゴノキそっくりですが、花《はな》のつき方《かた》が大《おお》きく異《こと》なります。ハクウンボクは、何個《なんこ》もの花《はな》が連《つら》なって穂状《すいじょう》に咲《さ》くのが特徴《とくちょう》です。また、葉《は》っぱの大《おお》きさはエゴノキよりもずい分《ぶん》と大《おお》きいので、全体的《ぜんたいてき》な雰囲気《ふんいき》を見《み》れば、両者《りょうしゃ》の見分《みわ》けは簡単《かんたん》です。

ユリノキ（モクレン科《か》）

公園《こうえん》などで見《み》るユリノキ。高木《こうぼく》を見上《みあ》げると、チューリップのような花《はな》がたくさん咲《さ》いていてかわいらしいです。この見《み》た目《め》から、英名《えいめい》ではチューリップツリーと呼《よ》ばれます。

エゴノキ

（エゴノキ科《か》）

白《しろ》い花《はな》が樹木全体《じゅもくぜんたい》にたくさん咲《さ》きます。ひとつひとつの花《はな》は星形《ほしがた》をしていて、あまい香《かお》りがします。花《はな》が咲《さ》いている期間《きかん》は短《みじか》く、あっという間《ま》に散《ち》ってしまいます。花終《はなお》わりに見《み》ると、木《き》の下《した》が白《しろ》い花《はな》のじゅうたんになっていることがあり、これもまた美《うつく》しいです。

5月《がつ》 目《め》立《だ》つ花《はな》を

センダン（センダン科《か》）

遠《とお》くからだと、うすい紫色《むらさきいろ》の花《はな》が咲《さ》いているように見《み》えるセンダン。近《ちか》づくと、紫色《むらさきいろ》なのは、雄《お》しべが筒状《とうじょう》になった部分《ぶぶん》だけで、花《はな》びらはじつは白色《しろいろ》であることがわかります。街路《がいろ》で野生化《やせいか》した木《き》をよく見《み》ます。

シャリンバイ
(バラ科《か》)

道路沿《どうろぞ》いの植《う》え込《こ》みとしてよく使《つか》われるシャリンバイ。葉《は》っぱが車輪状《しゃりんじょう》に出《で》て、ウメのような花《はな》が咲《さ》くことが名前《なまえ》の由来《ゆらい》です。咲《さ》きはじめの花《はな》の雄《お》しべは白色《しろいろ》～黄色《きいろ》で、咲《さ》き終《お》わりには赤色《あかいろ》に変《か》わるというおもしろい変化《へんか》をします。

コデマリ
(バラ科《か》)

小《ちい》さな手《て》まりのような花《はな》が咲《さ》くのでコデマリ。名前《なまえ》の通《とお》り、細《ほそ》い枝《えだ》に手《て》まりがたくさん乗《の》っているようでかわいらしいです。庭木《にわき》としてよく使《つか》われているので、身近《みぢか》な場所《ばしょ》で見《み》る機会《きかい》が多《おお》いです。

ホオノキ
(モクレン科《か》)

30センチメートル前後《ぜんご》もある大《おお》きな葉《は》っぱが特徴《とくちょう》です。葉《は》っぱだけでもわかりやすいのに、5月《がつ》にはこれまた大《おお》きな花《はな》を咲《さ》かせます。直径《ちょっけい》15センチメートルもある目立《めだ》つ花《はな》なので、見《み》ればすぐにわかります。公園《こうえん》などで探《さが》してみてください。

ミズキ
(ミズキ科《か》)

横《よこ》に広《ひろ》がるように伸《の》びる枝《えだ》の上《うえ》に、白《しろ》い花《はな》がたくさん咲《さ》きます。どちらかというと自然度《しぜんど》のちょっと高《たか》い場所《ばしょ》で見《み》かけます。白《しろ》いかたまりは、小《ちい》さな花《はな》の集《あつ》まりです。

シロヤマブキ（バラ科《か》）

4月《がつ》で観察《かんさつ》したヤマブキ（13ページ）と花《はな》が似《に》ており、こちらは白色《しろいろ》なのでシロヤマブキ。花色《はないろ》以外《いがい》には、葉《は》っぱのつき方《かた》にもちがいがあります。シロヤマブキは1か所《しょ》から2枚《まい》の葉《は》っぱが対《つい》になって出《で》るのに対《たい》し、ヤマブキは葉《は》っぱが1枚《まい》1枚交互《まいこう》に出《で》ます。

シロヤマブキは、葉《は》っぱが1か所《しょ》から2枚《まい》、対《つい》になって出《で》る。

ヤマブキは、葉《は》っぱが1枚《まい》1枚交互《まいこうご》に出《で》る。

トチノキ（ムクロジ科《か》）

ホオノキのように、これもまた大《おお》きな葉《は》っぱをもつ樹木《じゅもく》です。ただ、花《はな》はホオノキとはちがい、小《ちい》さな花《はな》が集合《しゅうごう》して塔《とう》のような姿《すがた》になって咲《さ》きます。身近《みぢか》な場所《ばしょ》では、花色《はないろ》が赤《あか》いベニバナトチノキが植《う》わっていることもあります。

花《はな》が赤《あか》いベニバナトチノキ。

コラム1 まずは葉《は》っぱからはじめよう！

　わたしは、いつも植物《しょくぶつ》のことで頭《あたま》がいっぱいの植物大好《しょくぶつだいす》き人《にん》間《げん》ですが、じつは植物《しょくぶつ》に興味《きょうみ》をもったのは大学生《だいがくせい》になってからのことです。これは植物《しょくぶつ》に関係《かんけい》する仕事《しごと》をする人《ひと》の中《なか》では、少《すこ》し遅《おそ》いスタートかもしれません。

　きっかけとなったのは、母校《ぼこう》である東京農業大学《とうきょうのうぎょうだいがく》の先生《せんせい》が、「葉《は》っぱの見方《みかた》」を教《おし》えてくれたことです。葉《は》っぱの縁《ふち》には、ギザギザがあるものやないものがあること、葉脈《ようみゃく》の通《とお》り方《かた》にはさまざまなタイプがあることなどを、実際《じっさい》に樹木《じゅもく》を観察《かんさつ》しながら教《おし》えてもらううちに、樹木《じゅもく》には、種類《しゅるい》に応《おう》じて個性《こせい》があるんだということを、体感《たいかん》として理《り》解《かい》できるようになりました。

　この葉《は》っぱと、あの葉《は》っぱはちがう。そんな認識《にんしき》が積《つ》み重《かさ》なっていくと、次第《しだい》に見分《みわ》けられる樹木《じゅもく》が増《ふ》えていきます。すると、ただ道《みち》を歩《ある》いているだけで「あっ、ケヤキの芽吹《めぶ》きがはじまった」とか、「ハナミズキの花《はな》が咲《さ》いた」と、楽《たの》しい発見《はっけん》がたくさん見《み》つかるようになりました。

　当時《とうじ》のわたしには、これはとっても大《おお》きな衝撃《しょうげき》でした。なぜなら、これまでは「樹木《じゅもく》たち」としか見《み》ていなかった景色《けしき》が、イチョウ、クスノキ、ドウダンツツジというように、個別《こべつ》の名《な》前《まえ》に変《か》わっていったからです。それは、今《いま》まで見《み》てきた世界《せかい》がぬりかえられていくような体験《たいけん》だったのです。

　ほんの少《すこ》し、意識的《いしきてき》に葉《は》っぱを見《み》るだけで、世界《せかい》は変《か》わる。でも、その「ほんの少《すこ》し」を、わたしはしてこなかった。わたしは世界《せかい》を見《み》ているようで、まるで見《み》ていなかったのだ。ということに気《き》づかされました。

　葉《は》っぱを見《み》ることは、わたしの原点《げんてん》です。なので、これから樹木観察《じゅもくかんさつ》をしてみたいと思《おも》う方《かた》には、まず、葉《は》っぱを「よく見《み》る」ことからはじめてみましょうと、よくおすすめしています。

左《ひだり》からシラカシ、クチナシ、ヒサカキ、モッコク、マサキ、レッド・ロビン。似《に》ている葉《は》っぱも、よく見《み》れば、ちがいが見《み》えてくる。

ちょうどわたしが大学生《だいがくせい》になるころ、樹木図鑑《じゅもくずかん》作家《さっか》の林将之《はやしまさゆき》さんが『葉《は》で見《み》わける樹木《じゅもく》』（小学《しょうがく》館《かん》）という図鑑《ずかん》を出版《しゅっぱん》しました。タイトル通《どお》り、樹木《じゅもく》の葉《は》っぱの特徴《とくちょう》を観察《かんさつ》すれば、名前《なまえ》を調《しら》べることができる図鑑《ずかん》です。初心者《しょしんしゃ》でもとっても使《つか》いやすかったので、学生《がくせい》のころのわたしは、この図鑑《ずかん》をずっと使《つか》っていました。こうした、いい図鑑《ずかん》との出会《であ》いがあったことも、わたしには大《おお》きなことでした（写真《しゃしん》は当時《とうじ》よく使《つか》っていた図《ず》鑑《かん》で、現在《げんざい》は増補改訂版《ぞうほかいていばん》が出《で》ています）。

夏《なつ》

葉《は》っぱの手《て》ざわりが

ずい分《ぶん》としっかりしてきたことを感《かん》じる夏《なつ》。

緑《みどり》色《いろ》も濃《こ》くなってきました。この季《き》節《せつ》、樹《じゅ》木《もく》はひたすらに

太《たい》陽《よう》の光《ひかり》を集《あつ》めて栄《えい》養《よう》を作《つく》り出《だ》しています。

暑《あつ》い季《き》節《せつ》ですが、樹《じゅ》木《もく》が作《つく》ってくれるすずしい木《こ》陰《かげ》を利《り》用《よう》しながら、

無《む》理《り》なく樹《じゅ》木《もく》観《かん》察《さつ》を続《つづ》けてみてください。

6月《がつ》

じつは咲《さ》いている？

目《め》立《だ》たない花《はな》を探《さが》してみよう

花《はな》は目《め》立《だ》つものばかりではなく、だれにも気《き》づかれないくらいひっそりと咲《さ》くものもあります。6月《がつ》はなぜだかそんな花《はな》が多《おお》いので、今月《こんげつ》はそれを探《さが》してみましょう。

6月《がつ》になると、濃《こ》い緑色《みどりいろ》の葉《は》っぱの上《うえ》に、細《こま》かい白《しろ》い花《はな》がシャワーのように咲《さ》く樹木《じゅもく》を見《み》ることがあります。秋《あき》に2〜3センチメートルほどの大《おお》きなどんぐりをつけるマテバシイです。今回《こんかい》は、この花《はな》に近《ちか》づいてみます1 2。

1

2

雄《おす》の花《はな》と雌《めす》の花《はな》が別々《べつべつ》に咲《さ》く

花《はな》に近《ちか》づくと、1本《ぽん》の軸《じく》に白《しろ》い花《はな》がいくつもついたものや、白《しろ》い花《はな》ではない小《ちい》さな突起物《とっきぶつ》がいくつかついているものなど、さまざまなものがあることがわかります。白《しろ》い花《はな》のほうは、雄《お》しべだけしかない「雄花《おばな》」3 4 で、白《しろ》い突起物《とっきぶつ》は、雌《め》しべしかもたない「雌花《めばな》」です5 6。遠《とお》くから目《め》立《だ》っていたのは雄花《おばな》のほうで、雌花《めばな》はこんなところにひっそりと咲《さ》いていたのです。

3

4

雄《お》しべしかもたない「雄花《おばな》」

5

6

雌《め》しべしかもたない「雌花《めばな》」
（軸《じく》の先端《せんたん》には少《すこ》しだけ雄花《おばな》も咲《さ》いている）

はまります。

雌花《めばな》にどんぐりがつくはずだけど……

雄《おす》の花《はな》と雌《めす》の花《はな》があったとき、果実《かじつ》がつくのは雌《めす》の花《はな》のほうです。となれば、この突起物《とっきぶつ》のような雌花《めばな》が、この秋《あき》に大《おお》きくなって、どんぐりになるのかなと予想《よそう》ができます。

でも、花《はな》が咲《さ》いている今《いま》の時期《じき》にほかの枝《えだ》を探《さが》すと、7のように雌花《めばな》の突起《とっき》がすでに大《おお》きくなっているものが見《み》つかります。今年咲《ことしさ》いた雌花《めばな》が、もうこんなに大《おお》きくなったのでしょうか？

この大《おお》きさになるまで2年《ねん》!

ぐっと近《ちか》づかないと見《み》つからない、どんぐりの花《はな》の秘密《ひみつ》。目立《めだ》たない花《はな》を観察《かんさつ》していると、こうして意外《いがい》な発見《はっけん》とおどろきがあるものです。

マテバシイは2年《ねん》がかりで大《おお》きくなる

じつはどんぐりの中《なか》には、春《はる》に咲《さ》いた花《はな》が、その年《とし》の秋《あき》ではなく、次《つぎ》の年《とし》の秋《あき》に大《おお》きくなる種類《しゅるい》があります。２年《ねん》かかって大《おお》きくなるので、「２年成《ねんなり》」のどんぐりといいます。マテバシイは2年成《ねんなり》なので、６月《がつ》の開花期《かいかき》に枝《えだ》を探《さが》すと、「今年咲《ことしさ》いたばかりの雌花《めばな》」と、「昨年咲《さくねんさ》いた雌花《めばな》」が見《み》つかります。「昨年咲《さくねんさ》いた雌花《めばな》」のほうはずい分《ぶん》と大《おお》きくなっているので、こちらのほうが今年《ことし》の秋《あき》にどんぐりになるというわけだったのです。

おまけ情報《じょうほう》 春《はる》に咲《さ》いた雌花《めばな》が、その年《とし》の秋《あき》に大《おお》きくなるどんぐりは「1年成《ねんなり》」といいます。コナラやシラカシなどが当《あ》て

6月《がつ》 目《め》立《だ》つ花《はな》と目《め》立《だ》たない花《はな》

6月《がつ》には、こっそり咲《さ》く花探《はなさが》しができます。一方《いっぽう》でよく目《め》立《だ》つ花《はな》もあるので、その両方《りょうほう》を楽《たの》しみましょう！

ない花《はな》

センリョウ（センリョウ科《か》）

秋《あき》には赤《あか》い果実《かじつ》がついてよく目《め》立《だ》ちますが、6月《がつ》の花《はな》は存在感《そんざいかん》がありません。白《しろ》い卵形《たまごがた》のものが雄《お》しべで、そこにくっつく黄色《きいろ》い部分《ぶぶん》が葯《やく》（花粉《かふん》が出《で》る場所《ばしょ》）。そして、その横《よこ》についた緑《みどり》の球《たま》が雌《め》しべであり子房《しぼう》です。ちなみに、花《はな》びらとがくはありません。なかなか難《むずか》しい花《はな》です……。

秋《あき》の姿《すがた》のほうが有名《ゆうめい》

クリ（ブナ科《か》）

マテバシイと同《おな》じく雄《お》花《ばな》がよく目《め》立《だ》ち、雌花《めばな》はそれにかくれるようにひっそりと咲《さ》きます。この小《ちい》さな雌花《めばな》が、のちにトゲトゲの栗《くり》になるのだからおどろきです。

雄花《おばな》

雌花《めばな》

つ花《はな》

ビヨウヤナギ（オトギリソウ科《か》）

黄色《きいろ》い花《はな》びらに、大量《たいりょう》の黄色《きいろ》い雄《お》しべがつくという、黄色一色《きいろいっしょく》のビヨウヤナギ。光《ひかり》に当《あ》たるとかがやくので、よく目《め》立《だ》ちます。春《はる》が終《お》わり、少《すこ》しずつ暑《あつ》くなってきたころに咲《さ》くので、季節《きせつ》の変化《へんか》を知《し》らせてくれる存在《そんざい》です。

ツタ（ブドウ科《か》）

壁《かべ》をはうように成長《せいちょう》していくつる植物《しょくぶつ》のツタ（別名《べつめい》ナツヅタ）。6月《がつ》は密《ひそ》かに花盛《はなざか》りです。外《そと》からは目《め》立《だ》たないので、葉《は》っぱをかき分《わ》けて、探《さが》してみてください。目《め》立《だ》たない花《はな》が咲《さ》いています。

葉《は》っぱのつけ根《ね》に小《ちい》さな花《はな》がたくさん咲《さ》いている

これがひとつの花《はな》。直径《ちょっけい》3～5ミリメートルほど

ガクアジサイ（アジサイ科《か》）

梅雨時《つゆどき》に咲《さ》く、知名度抜群《ちめいどばつぐん》のガクアジサイ。花《はな》のまわりを飾《かざ》る大《おお》きな白《しろ》い部分《ぶぶん》が花《はな》に見《み》えますが、これは花《はな》のがくが大《おお》きく変化《へんか》したもので、花全体《はなぜんたい》を目立《めだ》たせる効果《こうか》をもちます。本当《ほんとう》の花《はな》は中心部《ちゅうしんぶ》に細《こま》かく咲《さ》いていますので、いつもより一歩近《いっぽちか》づいて探《さが》してみてください。

小《ちい》さいながら、花《はな》びら、雄《お》しべ、雌《め》しべがそろっている

クチナシ（アカネ科《か》）

梅雨時《つゆどき》に咲《さ》く白《しろ》い花《はな》。あまくよい香《かお》りがすることでも有名《ゆうめい》です。植栽《しょくさい》されるクチナシには、花《はな》びらが多《おお》くなったヤエクチナシもあるので、探《さが》してみてください。

花《はな》びらが多《おお》いヤエクチナシ

つ花《はな》

ヒメシャラ
(ツバキ科《か》)

花《はな》がナツツバキに似《に》ていますが、その半分《はんぶん》くらいの小《ちい》さな花《はな》を咲《さ》かせます。なので、花《はな》の大《おお》きさを見《み》れば、両者《りょうしゃ》の見分《みわ》けは簡単《かんたん》です。ヒメシャラの幹《みき》はツルツルなこともありますが、樹皮《じゅひ》がはがれている様子《ようす》になることもあり、それも見分《みわ》けポイントになります。

ナツツバキ
(ツバキ科《か》)

ツバキの仲間《なかま》は冬《ふゆ》に咲《さ》くことが多《おお》いですが、これは夏《なつ》に咲《さ》くので、ナツツバキ。肉厚《にくあつ》で、しっとりとした葉《は》っぱの手《て》ざわりが独特《どくとく》です。幹《みき》がツルツルなことも特徴《とくちょう》。

ナンテン(メギ科《か》)

白《しろ》い小《ちい》さな花《はな》を集《あつ》めて、三角《さんかく》すいのように咲《さ》かせるナンテン。庭木《にわき》としてよく植《う》えられていますが、梅雨時《つゆどき》に咲《さ》くからか、意外《いがい》と花《はな》の存在《そんざい》に気《き》づかれない樹木《じゅもく》です。梅雨《つゆ》の晴《は》れ間《ま》に観察《かんさつ》してみてください。

シモツケ(バラ科《か》)

庭木《にわき》としてよく植《う》えられています。この時期《じき》に、ピンク色《いろ》の花《はな》を咲《さ》かせる1メートル以下《いか》の背《せ》たけの低《ひく》い樹木《じゅもく》があれば、シモツケである可能性《かのうせい》が高《たか》いです。小《ちい》さな花《はな》の集合体《しゅうごうたい》なので、見《み》つけたらぐっと近《ちか》づいて、花《はな》のひとつひとつまで観察《かんさつ》してみてください。

タイサンボク（モクレン科《か》）

葉《は》っぱは20センチメートルほどと大《おお》きく、つやがあり、葉裏《はうら》が茶色《ちゃいろ》なのが特徴《とくちょう》です。この時《じ》期《き》は、これまた20センチメートルほどの大《おお》きな花《はな》が咲《さ》きます。よく目立《めだ》つので、咲《さ》いていればすぐにわかります。さわやかなあまい香《かお》りもするので、確《たし》かめてみてください。

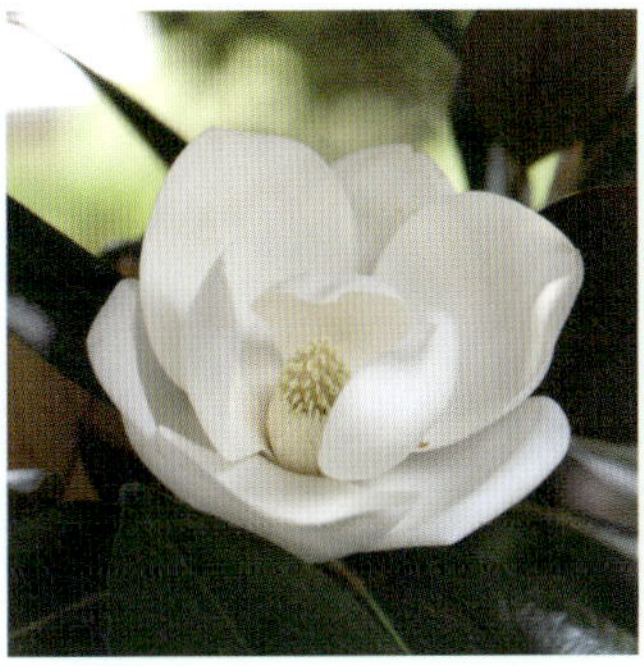

ノウゼンカズラ（ノウゼンカズラ科《か》）

6月《がつ》下旬《げじゅん》ころからは、つる性樹木《せいじゅもく》のノウゼンカズラが咲《さ》きはじめます。オレンジ色《いろ》の大《おお》きな花《はな》を見《み》ると、そろそろ夏《なつ》の訪《おとず》れを感《かん》じます。

7月《がつ》

変《か》わった形《かたち》の花《はな》を観察《かんさつ》しよう

暑《あつ》い季節《きせつ》になりました。夏《なつ》に咲《さ》く花《はな》もいろいろあり、さまざまな花《はな》の作《つく》りが見《み》られます。花《はな》びらや雄《お》しべ、雌《め》しべなど、花《はな》の部分《ぶぶん》を細《こま》かく観察《かんさつ》してみましょう。

1

公園《こうえん》や個人《こじん》の庭《にわ》などで見《み》ることがあるネムノキ。ピンク色《いろ》の花《はな》がよく目立《めだ》ちますが、どうにもつかみどころのない姿《すがた》をしています。この花《はな》は、どんな作《つく》りをしているのでしょうか。

2

この花《はな》、どうなっているの？

よくわからない花《はな》があったら、花《はな》の基本《きほん》に立《た》ち返《かえ》るのがおすすめです。花《はな》は中心《ちゅうしん》から順《じゅん》に「雌《め》しべ」、「雄《お》しべ」、「花《はな》びら」「がく」をもつので（そうじゃない場合《ばあい》も多《おお》いのですが……）、それぞれを探《さが》してみましょう。

ネムノキはひものようなものが多数《たすう》集《あつ》まってフサフサしていますが、じつは何《なん》本《ぼん》かずつ束《たば》になっているので、4のようにいくつかのブロックに分《わ》けることができます。

そのうちの一束《ひとたば》を見《み》ると、1本《ぼん》だけ長《なが》いひもがあります。これが雌《め》しべです。そして、残《のこ》ったひもが雄《お》しべとなります。

3

4

5

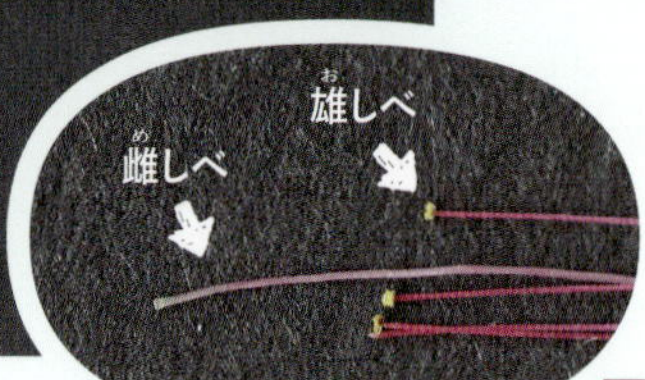

6

花《はな》びらとがくも発見《はっけん》

今度《こんど》は、束《たば》のつけ根《ね》を見《み》てみます。緑《みどり》色《いろ》で筒状《つつじょう》になったものの先端《せんたん》がいくつかに分《わ》かれています。小《ちい》さいですが、これが花《はな》びらです。その下《した》には、これまた目《め》立《だ》たないですが、がくも見《み》えます。

これで、花《はな》の基本《きほん》セットをすべて確認《かくにん》できたので、この一束《ひとたば》がひとつの花《はな》だということがわかりました。つまりネムノキは、いくつかの花《はな》の集合体《しゅうごうたい》だったのです。

7

花《はな》は夕方《ゆうがた》から咲《さ》く

観察《かんさつ》をしていたら気《き》づいたことがありました。この花《はな》は夕方《ゆうがた》から咲《さ》くようなのです。はじめはしわくちゃだった雄《お》しべと雌《め》しべが伸《の》びていき、夜《よる》にかけてピンと伸《の》びていく様子《ようす》がとても魅力的《みりょくてき》です8～12。どうなっているのかよくわからない花《はな》もしっかり観察《かんさつ》すればその詳細《しょうさい》がわかってきて、おもしろいものですよ。

8

9

10

11

12

花《はな》の作《つく》りを観察《かんさつ》したら、次《つぎ》はどんな虫《むし》がこの花《はな》を訪《おとず》れるのか観察《かんさつ》をしてみてください。きっとさまざまな発見《はっけん》があるはずです。

おまけ情報《じょうほう》 夜《よる》には夜《よる》に活動《かつどう》するスズメガの仲間《なかま》が、昼《ひる》にはハナバチやチョウが訪《おとず》れるようです。

サルスベリ
（ミソハギ科《か》）

夏《なつ》の街路樹《がいろじゅ》で、ピンク色《いろ》の花《はな》が目立《めだ》っていたらサルスベリの可能性《かのうせい》が高《たか》いです。花火《はなび》が散《ち》ったようにピンクの花《はな》びらがつくのが特徴《とくちょう》です。

フヨウとムクゲ
（アオイ科《か》）

夏《なつ》の朝《あさ》にピンク色《いろ》の大《おお》きな花《はな》を咲《さ》かせるフヨウ。この花《はな》の仲間《なかま》は、1本《ぼん》の雌《め》しべを取《と》り囲《かこ》むように複数《ふくすう》の雄《お》しべがつくことが特徴《とくちょう》です。フヨウよりも小《ちい》さな花《はな》を咲《さ》かせるムクゲも同《おな》じような花《はな》の作《つく》りをしているので、どちらも観察《かんさつ》してみてください。

ムクゲ

フヨウ

を見《み》てみよう

ソテツ
（ソテツ科《か》）

庭《にわ》や公園《こうえん》などに植《う》えられていることがあります。葉《は》っぱの形《かたち》が特徴的《とくちょうてき》なので、遠《とお》くからでも存在《そんざい》に気《き》づきます。ソテツには、雄花《おばな》だけ咲《さ》かせる雄《おす》の株《かぶ》と、雌花《めばな》だけ咲《さ》かせる雌《めす》の株《かぶ》があり、両者《りょうしゃ》の花《はな》の雰囲気《ふんいき》は大《おお》きく異《こと》なります。ソテツは、都市環境《としかんきょう》ではなかなか花《はな》を咲《さ》かせないので、もし花《はな》が見《み》つかったらラッキー⁉

ハナゾノツクバネウツギ
（スイカズラ科《か》）

根元《ねもと》が筒《つつ》のようになった白《しろ》い花《はな》がたくさん咲《さ》き、目立《めだ》ちます。よく植《う》え込《こ》みなどで使《つか》われていて、白《しろ》い花《はな》が散《ち》ると、ほんのり赤《あか》いプロペラのようなものが残《のこ》ります。これは花《はな》を支《ささ》えていたがくです。このがくを、上《うえ》に放《ほう》り投《な》げるとクルクル回《まわ》って落《お》ちるので遊《あそ》んでみてください。

クサギ（シソ科《か》）

葉《は》っぱがくさいのでクサギ。（でも、実際《じっさい》にはゴマみたいな香《かお》りなので、わたしはくさいとは思《おも》いません）。対《たい》して、花《はな》はあまい香《かお》りがします。咲《さ》きはじめは雄《お》しべだけ伸《の》びて雌《め》しべは垂《た》れ下《さ》がっているのに、咲《さ》き終《お》わりになると雄《お》しべが下《さ》がって雌《め》しべがピンと伸《の》びていきます。変化《へんか》にご注目《ちゅうもく》！

7月《がつ》 花《はな》の作《つく》り

シチヘンゲ（クマツヅラ科《か》）

もとは庭木《にわき》などとして植《う》えられていたものが、野生化《やせいか》して路上《ろじょう》で生《い》きていることがよくある樹木《じゅもく》です。花《はな》は5月《がつ》から10月《がつ》ごろまでの長《なが》い期間《きかん》咲《さ》くので、見《み》る機会《きかい》が多《おお》いです。小《ちい》さな花《はな》が集合《しゅうごう》して丸《まる》く咲《さ》き、咲《さ》きはじめ（黄色《きいろ》）と咲《さ》き終《お》わり（ピンク）で、花《はな》の色《いろ》が変《か》わります。ランタナとも呼《よ》ばれます。

雄株《おかぶ》に咲《さ》く雄花《おばな》

雌株《めかぶ》に咲《さ》く雌花《めばな》

8月《がつ》

えっ？もう次《つぎ》の季《き》節《せつ》の準《じゅん》備《び》が進《すす》んでる？

小《ちい》さな草《くさ》とちがい、樹《じゅ》木《もく》は大《おお》きく、そこからいなくなることが少《すく》ないので、定《てい》点《てん》観《かん》察《さつ》にはもってこいです。春《はる》に見《み》た樹《じゅ》木《もく》がどのように「変《へん》化《か》」しているか、見《み》に行《い》ってみましょう。

5月《がつ》にハナミズキの花《はな》を紹介《しょうかい》しました（16ページ）。あれからときが経《た》ち、夏《なつ》になった今《いま》はどんな様子《ようす》になっているでしょうか？ 探《さが》しに行《い》ってみましょう。

花《はな》が咲《さ》いているときはよく目立《めだ》っていたハナミズキも、花《はな》が終《お》わると存在感《そんざいかん》がうすくなります。なにせ葉《は》っぱだけの姿《すがた》になっているからです1。どんな葉《は》っぱをつけているのだったかな？ と、近《ちか》づいてみると、枝先《えださき》に緑色《みどりいろ》の果実《かじつ》がついていることを発見《はっけん》。ハナミズキは、秋《あき》に赤《あか》い果《か》実《じつ》をつけますが、その準備《じゅんび》がすでに進《すす》んでいるようです23。

葉《は》っぱがくたびれて、緑色《みどりいろ》の実《み》がついていた！

1

2

3

秋《あき》には真《ま》っ赤《か》になるハナミズキ

5

4

見《み》つけられるかな？

実《み》のとなりにあるものは、なんだ？

果実《かじつ》を観察《かんさつ》していたら、もうひとつ気《き》になるものを見《み》つけました。別《べつ》の枝先《えださき》に、何《なに》やら丸《まる》っこいものがついているのです。でもこちらは緑色《みどりいろ》ではなく、灰色《はいいろ》です6。

今度《こんど》はこれをひとつ取《と》って、カッターで真《ま》っ二《ぶた》つにしてみます。すると、その断面《だんめん》には花《はな》のつぼみがいくつか入《はい》っていることがわかりました。じつはこれ、花《はな》の芽《め》だったのです78。

7

8

6

定点観察《くいてんかんさつ》をしてみよう！

ハナミズキは、夏《なつ》にはもう花《はな》の芽《め》を作《つく》っていることがわかりました。でも、これが咲《さ》くのは来年《らいねん》の春《はる》になります。そのとき、この芽《め》はどのように開《ひら》くのでしょう。気《き》になります。

その疑問《ぎもん》は、冬《ふゆ》の間《あいだ》、大切《たいせつ》にもっておき、春《はる》になったら実際《じっさい》に観察《かんさつ》をしてみましょう。とっても不思《ふし》議《ぎ》な姿《すがた》が見《み》られますよ。

9

冬《ふゆ》の様子《ようす》

同《おな》じ場所《ばしょ》で同《おな》じ植物《しょくぶつ》を長期間《ちょうきかん》、観察《かんさつ》することを「定点観察《ていてんかんさつ》」といいます。これをすると、その植《しょく》物《ぶつ》の生《い》き方《かた》がよくわかるようになるので、ぜひ近《ちか》くでやってみてください。

10

11

12

4月中旬以降《がつちゅうじゅんいこう》、花《はな》の芽《め》は一気《いっき》に大《おお》きくなり開《ひら》く

おまけ情報《じょうほう》　ハナミズキには、花《はな》の芽《め》以外《いがい》にも、葉《は》っぱの芽《め》があります。これは花《はな》の芽《め》よりも小《ちい》さくてとがっています。

ソメイヨシノ（バラ科《か》）

春《はる》に樹木全体《じゅもくぜんたい》を花《はな》でおおいつくすソメイヨシノ。初夏《しょか》には葉《は》っぱで緑一色《みどりいっしょく》に変化《へんか》します。夏《なつ》の今《いま》見《み》に行《い》くと、その中《なか》に赤《あか》い葉《は》っぱが交《ま》ざってきていることがわかります。なんと、ソメイヨシノは真夏《まなつ》にはもう少《すこ》しずつ落葉《らくよう》をはじめているようです。もう冬《ふゆ》の準備《じゅんび》がはじまっているのでしょうか。

キンモクセイ（モクセイ科《か》）

秋《あき》にいい香《かお》りの花《はな》を咲《さ》かせるキンモクセイ。夏《なつ》に見《み》に行《い》くと、すでに花《はな》の芽《め》の準備《じゅんび》ができていることが確認《かくにん》できます。しかも、枝《えだ》には芽《め》が複数《ふくすう》ついています。キンモクセイは、春《はる》には新《あたら》しい葉《は》っぱを出《だ》すので、この芽《め》の中《なか》には、花《はな》の芽《め》と、葉《は》っぱの芽《め》の両方《りょうほう》があるはずです。

察《さつ》できる樹木《じゅもく》

前《まえ》ページで見《み》たように、植物《しょくぶつ》は「今《いま》このとき」の観察《かんさつ》をしながら、じつは「この先《さき》の季節《きせつ》」の観察《かんさつ》も同時《どうじ》に楽《たの》しむことができます。季節《きせつ》を先取《さきど》りして観察《かんさつ》できる樹木《じゅもく》は、ほかにどんなものがあるでしょうか。

イロハモミジ（ムクロジ科《か》）

秋《あき》にプロペラ状《じょう》の果実《かじつ》をクルクル回転《かいてん》させながら落《お》とすイロハモミジ。夏《なつ》に見《み》に行《い》くと、すでに果実《かじつ》ができている様子《ようす》を観察《かんさつ》することができます。試《ため》しに、果実《かじつ》の根元《ねもと》の部分《ぶぶん》をカッターで切《き》ってみると、なんとそこにはグルグル巻《ま》きになった子葉《しよう》が！　未熟《みじゅく》な果実《かじつ》の中《なか》では、もう春《はる》の芽生《めば》えの準備《じゅんび》が進《すす》んでいるようです。

コブシ（モクレン科《か》）

3月《がつ》にコブシの花《はな》（6ページ）を観察《かんさつ》しました。花《はな》が咲《さ》くということは、その前《まえ》のどこかのタイミングで、花《はな》の芽《め》ができていたということになります。じつはそれが、夏《なつ》の今《いま》探《さが》すと見《み》つかります。葉《は》っぱでおおわれた枝先《えださき》を探《さが》すと、もうすでにフワフワの花《はな》の芽《め》を発見《はっけん》!

8月《がつ》 秋《あき》や冬《ふゆ》、春《はる》の準備《じゅんび》が観《かん》

アカマツ（マツ科《か》）

夏《なつ》のアカマツの枝《えだ》には、大《おお》きく緑色《みどりいろ》をした未熟《みじゅく》な松《まつ》ぼっくりがついています。これが10月以降《がついこう》に茶《ちゃ》色《いろ》い松《まつ》ぼっくりになります。じつはこのとき、よく目《め》をこらして探《さが》すと、これよりもずっと小《ちい》さなミニ松《まつ》ぼっくりが見《み》つかります。じつはアカマツは、雌花《めばな》が咲《さ》いてから茶色《ちゃいろ》い松《まつ》ぼっくりになるまでに1年半《ねんはん》も時間《じかん》がかかります。なので、今年《ことし》の春《はる》に咲《さ》いた雌花《めばな》は、まだこんなにも小《ちい》さいのです。ということは、大《おお》きい緑色《みどりいろ》のほうは、今年《ことし》の春《はる》ではなく、昨年《さくねん》の春《はる》に咲《さ》いた雌花《めばな》がやっと大《おお》きくなったものということになります。

コラム2

街路樹《がいろじゅ》が勝手《かって》に増《ふ》える？

この本《ほん》では、身近《みぢか》な場所《ばしょ》で観察《かんさつ》できる樹木《じゅもく》を紹介《しょうかい》しています。その多《おお》くは、街路樹《がいろじゅ》や庭木《にわき》、公園《こうえん》の植栽《しょくさい》です。つまり、自然《しぜん》に生《は》えてきた樹木《じゅもく》ではなく、人《ひと》が植《う》えた樹木《じゅもく》が観《かん》察対象《さつたいしょう》です。

ですので、どうしてこの樹《じゅ》木《もく》はここにいるのだろう？という疑問《ぎもん》には、どういう目《もく》的《てき》で人《ひと》がそこに植《う》えたのか、が答《こた》えになります。見《み》た目《め》をよくするために美《うつく》しい樹木《じゅもく》を植《う》えたり、火事《かじ》に強《つよ》い木《き》を家《いえ》のまわりに植《う》えたりというように、さまざまな考《かんが》えがあります。

ところが、42ページ以降《いこう》で見《み》ていくように、樹木《じゅもく》はさまざまな方法《ほうほう》で種子《しゅし》を旅立《たびだ》たせます。風《かぜ》に乗《の》ったり、鳥《とり》に食《た》べられた種子《しゅし》は、条件《じょうけん》がいいところにたどり着《つ》けば、そこで発芽《はつが》します。人《ひと》が意図的《いとてき》に植《う》えた樹木《じゅもく》は、そのあとで、勝手《かって》に移動《いどう》するのです。

その際《さい》に問題《もんだい》になるのは、ほかの生《い》き物《もの》の居場所《いばしょ》をうばってしまうような侵略性《しんりゃくせい》をもつ樹木《じゅもく》です。たとえば、31ページで紹介《しょうかい》したシチヘンゲ（ランタナ）は、その花《はな》の美《うつく》しさから、よく植栽《しょくさい》に使《つか》われます。ですが、じつはこれは中米原産《ちゅうべいげんさん》の樹木《じゅもく》で、環境《かんきょう》省《しょう》の生態系被害防止外来種《せいたいけいひがいぼうしがいらいしゅ》リストの重点対策外来種《じゅうてんたいさくがいらいしゅ》に掲載《けいさい》されています。「甚大《じんだい》な被害《ひがい》が予想《よそう》されるため、対策《たいさく》の必《ひつ》要性《ようせい》が高《たか》い」と考《かんが》えられています。

それをふまえてシチヘンゲを探《さが》してみると、確《たし》かに街《まち》なかでもさまざまなところに野《や》生化《せいか》している姿《すがた》を見《み》かけます。これが野山《のやま》に広《ひろ》がっていくと、日本《にほん》の生態系《せいたいけい》に影響《えいきょう》を与《あた》える可能性《かのうせい》があります。樹木《じゅもく》を植《う》える際《さい》には、それが生態系《せいたいけい》にどのような影響《えいきょう》を及《およ》ぼすのかも考《かんが》えたほうがいいのです。

とはいえ、身近《みぢか》な場所《ばしょ》にきれいな花《はな》を咲《さ》かせる樹木《じゅもく》を植《う》えることは、人《ひと》の心理面《しんりめん》においてよい影響《えいきょう》を与《あた》えてくれることも事実《じじつ》です。シチヘンゲの場合《ばあい》は、果実《かじつ》をつけない品種《ひんしゅ》が開発《かいはつ》されているので、それを選《えら》んで植《う》えるなら、鳥《とり》が種子《しゅし》を運《はこ》ぶことはなくなります。シチヘンゲを育《そだ》てたい場合《ばあい》は、そうした品《ひん》種《しゅ》を選《えら》んで植《う》えるというような対案《たいあん》は、考《かんが》えてもいいのかもしれません。

人《ひと》が利用《りよう》することと、それが自然《しぜん》にどのような影響《えいきょう》を与《あた》える可能性《かのうせい》があるのか、その両方《りょうほう》を考《かんが》えていくことが大《たい》切《せつ》です。環境省《かんきょうしょう》の生態系被《せいたいけいひ》害防止外来種《がいぼうしがいらいしゅ》リストは、インターネットで見《み》ることができますので、一度《いちど》見《み》てみてください。

44ページで紹介《しょうかい》するシマトネリコも、よく野生化《やせいか》しているものを見《み》かけます。街《まち》なかの樹木《じゅもく》を観察《かんさつ》するついでに、どんな樹木《じゅもく》が野生化《やせいか》しやすいかという視点《してん》をもっておくのもいいかもしれません。

秋《あき》

多《おお》くの樹木《じゅもく》が果実《かじつ》をつける季節《きせつ》になりました。
果実《かじつ》や種子《しゅし》についたプロペラで風《かぜ》に乗《の》ったり、
鳥《とり》に食《た》べてもらって移動《いどう》したりと、
さまざまな方法《ほうほう》で樹木《じゅもく》は旅《たび》に出《で》ます。
根《ね》っこをおろした場所《ばしょ》で生《い》き続《つづ》けていく樹木《じゅもく》が、
唯一《ゆいいつ》、移動《いどう》することができるタイミングです。
どのような移動方法《いどうほうほう》があるのか、観察《かんさつ》が楽《たの》しみです。

9月《がつ》

ひと足《あし》早《はや》く実《みの》りの季《き》節《せつ》がやってきた

まだ残暑《ざんしょ》が続《つづ》きますが、植物《しょくぶつ》は着々《ちゃくちゃく》とその姿《すがた》を変《か》えています。中《なか》にはもうすっかり果実《かじつ》や種子《しゅし》になっているものもあり、早《はや》くも秋《あき》の足音《あしおと》が聞《き》こえてくるようです。

この季節《きせつ》、通《とお》りや公園《こうえん》を歩《ある》いていると、ボートのような形《かたち》をした枯《か》れ葉《は》が落《お》ちていることがあります。これは、アオギリの落《お》とし物《もの》。今月《こんげつ》はまずこの観察《かんさつ》からはじめてみます1。

1

もしかして、落《お》ち葉《ば》じゃない……？

一見《いっけん》、落《お》ち葉《ば》のように見《み》えますが、今《いま》はまだ9月《がつ》。落葉《らくよう》の季節《きせつ》ではありません。アオギリの木《き》を見上《みあ》げれば、そこにはまだ緑色《みどりいろ》をした大《おお》きな葉《は》っぱがついています。しかも、その葉《は》っぱは3つに切《き》れ込《こ》みが入《はい》っていて、先《さき》ほど地面《じめん》で拾《ひろ》ったものとはちがう形《かたち》。この茶色《ちゃいろ》いボート、もしかして落《お》ち葉《ば》ではないのでしょうか23。

2

3

茶色《ちゃいろ》いボートの縁《ふち》には小《ちい》さな粒々《つぶつぶ》が

もう一度《いちど》、茶色《ちゃいろ》のボートを見直《みなお》すと、その縁《ふち》に小《ちい》さな球《たま》がついていることに気《き》がつきました。先《さき》に答《こた》えをいってしまいます。じつはこの球《たま》、アオギリの種子《しゅし》なのです。えっ、葉《は》っぱの上《うえ》に種子《しゅし》？と思《おも》ってしまいますが、ふつう種子《しゅし》がつく部分《ぶぶん》は、果実《かじつ》に当《あ》たります。なので、このボートは葉《は》っぱではなく、果実《かじつ》と考《かんが》えたほうがよさそうです。

4

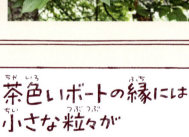

時《とき》をもどして、観察《かんさつ》してみよう

9月《がつ》の今《いま》、謎《なぞ》のボートについていくら考《かんが》えてもよくわからないので、こんなときはタイムスリップ。アオギリの花《はな》が咲《さ》く季節《きせつ》に戻《もど》って、観察《かんさつ》をし直《なお》してみます。

5月《がつ》ごろ、アオギリには「雄花《おばな》」と「雌花《めばな》」の2種類《しゅるい》の花《はな》が咲《さ》きます5 6。「雌《め》花《ばな》」にはぷっくりふくれている部分《ぶぶん》があり、ここに果《か》実《じつ》の元《もと》があるのがわかります。その後《ご》、果実《かじつ》は大《おお》きくなり、何個《なんこ》かに分《わ》かれていきます。そして熟《じゅく》したら、果実《かじつ》が割《わ》れ、中《なか》の種子《しゅし》が見《み》えてきます。7～12の順《じゅん》で観察《かんさつ》すれば、このボートが葉《は》っぱではなく果実《かじつ》であることにも納得《なっとく》がいくと思《おも》います。

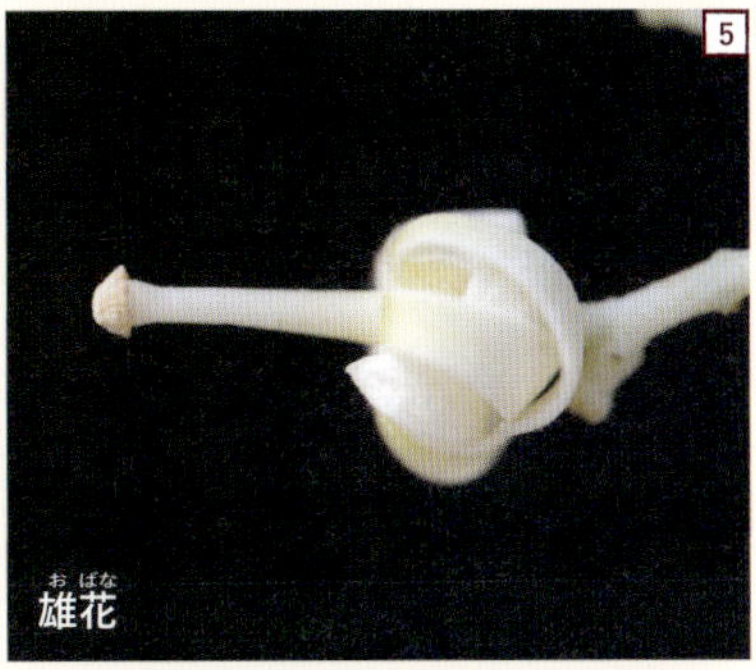

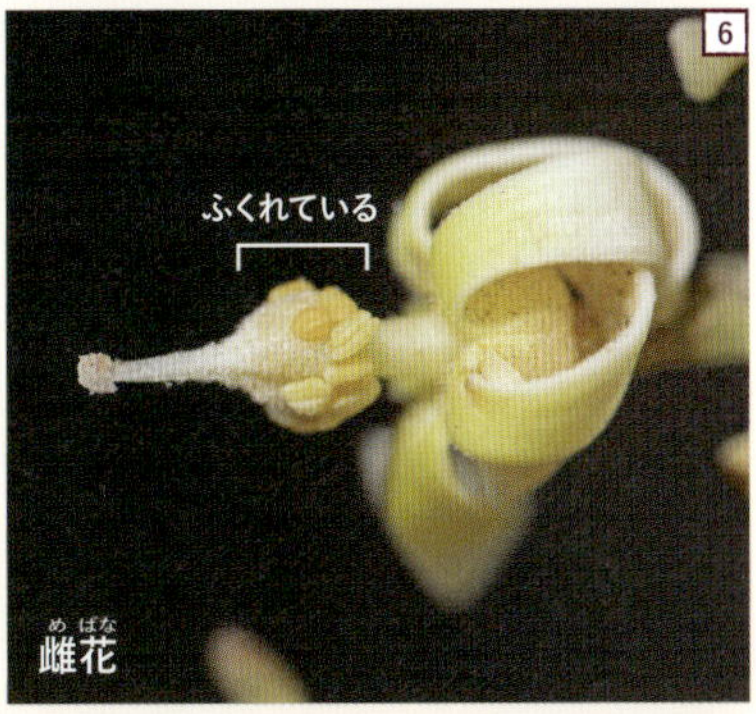

果実《かじつ》をひとつだけ見《み》てみると

果実《かじつ》の皮《かわ》と種子《しゅし》がいっしょになって落《お》ちれば、風《かぜ》に吹《ふ》かれて遠《とお》くに行《い》くことができます。高《たか》いところから落《お》としてみると、クルクル回《まわ》って落《お》ちていくので、試《ため》してみてください。

おまけ情報《じょうほう》　みなさんはタイムスリップすることができないので、花《はな》の観察《かんさつ》は来年《らいねん》の春《はる》にしてくださいね。

ヤブツバキ（ツバキ科《か》）

冬《ふゆ》に花《はな》を咲《さ》かせるヤブツバキ。花《はな》の観察《かんさつ》は、この先《さき》の60ページでしますが、1～3月《がつ》ごろに咲《さ》いた花《はな》は、9月《がつ》になってようやく大《おお》きな果実《かじつ》になります。中《なか》には果実《かじつ》が割《わ》れて種子《しゅし》が出《で》てきているものも見《み》られる季節《きせつ》。花《はな》が果実《かじつ》になるまで、けっこう時間《じかん》がかかるものなのですね。

近《ちか》くで見《み》ると不思議《ふしぎ》な形《かたち》

ヤマボウシ（ミズキ科《か》）

5月《がつ》に観察《かんさつ》したヤマボウシ（16ページ）。今《いま》はすっかり赤《あか》い果実《かじつ》に変《か》わっています。花《はな》はハナミズキに似《に》ていますが、果実《かじつ》の形《かたち》は大《おお》きく異《こと》なるので、果実《かじつ》のときのほうが両者《りょうしゃ》を見分《みわ》けやすいです。ハナミズキは32ページに写真《しゃしん》があります。見比《みくら》べてみてください。

っている樹《じゅ》木《もく》

茶色《ちゃいろ》くなるまではまだもう少《すこ》し時間《じかん》がかかりますが、もうすでに大《おお》きくなったどんぐりが見《み》られる季節《きせつ》です。まだ未熟《みじゅく》などんぐりも、ツヤツヤした緑色《みどりいろ》をしていて魅力的《みりょくてき》です。

シラカシ

クヌギ

テイカカズラ（キョウチクトウ科《か》）

5月《がつ》ごろに、風車《かざぐるま》のような形《かたち》の白《しろ》い花《はな》を咲《さ》かせるテイカカズラ。この時期《じき》には細長《ほそなが》い果実《かじつ》になっていて、その変化《へんか》の大《おお》きさにおどろかされます。12月《がつ》を過《す》ぎると果実《かじつ》が割《わ》れて、中《なか》から綿毛《わたげ》の種子《しゅし》がたくさん出《で》てきます。

果実《かじつ》はよく地面《じめん》に落《お》ちている

エノキ

(アサ科《か》)

4月《がつ》に新緑《しんりょく》と花《はな》を観察《かんさつ》したエノキ(12ページ)。花《はな》は5ミリメートルほどの小《ちい》ささで目《め》立《だ》ちませんが、9月《がつ》の今《いま》は、それが赤《あか》やオレンジ色《いろ》の果実《かじつ》に変《か》わり、花《はな》より目《め》立《だ》つようになります。1センチメートル弱《じゃく》のカラフルな球《たま》がプチプチついていてかわいいです。

9月《がつ》 もう果実《かじつ》がな

エゴノキ

(エゴノキ科《か》)

5月《がつ》に花《はな》を観察《かんさつ》したエゴノキ(17ページ)は、6～7月《がつ》ころには早《はや》くもうすい緑色《みどりいろ》の果実《かじつ》になります。9月《がつ》に見《み》に行《い》くと、今度《こんど》は果実《かじつ》の皮《かわ》が白《しろ》くなり、ちょっとむけかけに。そして、10～11月《がつ》になると、皮《かわ》をぬぎ捨《す》てて、種子《しゅし》がむき出《だ》しの状態《じょうたい》になります。この変化《へんか》のちょうど真《ま》ん中《なか》あたりの観察《かんさつ》ができるのが、今《いま》です。

いろいろなどんぐり

(ブナ科《か》)

コナラ

10月《がつ》

種《しゅ》子《し》が風《かぜ》に舞《ま》う！

いよいよ果実《かじつ》と種子《しゅし》の観察《かんさつ》が本格的《ほんかくてき》にはじめられる季節《きせつ》です。種子《しゅし》は、遠《とお》くに行《い》けるようなさまざまな工夫《くふう》をもちます。10月《がつ》はその中《なか》でも、「風《かぜ》に舞《ま》う」をテーマにしてみます。

「松《まつ》ぼっくり」と聞《き》けば、あぁあれね、と、その姿《すがた》が思《おも》い浮《う》かぶ人《ひと》がほとんどだと思《おも》います。知名度《ちめいど》は抜群《ばつぐん》ですが、松《まつ》ぼっくりは一体《いったい》、何《なん》のためにあるのかと聞《き》かれたら、頭《あたま》に「？」が浮《う》かぶ人《ひと》もいるのではないでしょうか。

1

今回《こんかい》は、アカマツの松《まつ》ぼっくりで観察《かんさつ》します

水《みず》にぬれると、なんと……！

まずはこんな実験《じっけん》からしてみましょう。といっても、とっても簡《かん》単《たん》な内容《ないよう》です。松《まつ》ぼっくりに水《みず》をかけ、そのまま放置《ほうち》するだけ。1時間《じかん》くらい経《た》ってから見《み》てみると、さっきまで開《ひら》いていた松《まつ》ぼっくりのひだが、ピタっと閉《と》じているはずです2～4。

2

3

4

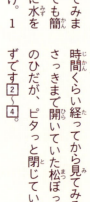

乾《かわ》かすと、どうなる？

今度《こんど》はその松《まつ》ぼっくりを乾《かわ》かしてみます。ちょっと時間《じかん》がかかるので、ひと晩寝《ばんね》て、朝起《あさお》きてから見《み》てみてください。すると、今度《こんど》はピタっと閉《と》じていた松《まつ》ぼっくりが、また開《ひら》いているはずです。

もうこれでわかりましたね。松《まつ》ぼっくりは、ぬれると閉《と》じ、乾《かわ》くと開《ひら》くのです。野外《やがい》の環境《かんきょう》に置《お》きかえて考《かんが》えると、雨《あめ》の日《ひ》は閉《と》じていて、晴《は》れの日《ひ》は開《ひら》いている、ということになります。

雨上《あめあ》がりの松《まつ》ぼっくり

その翌日《よくじつ》には開《ひら》いていた

松《まつ》ぼっくりの中《なか》には、何《なに》があるのかな？

続《つづ》いて、松《まつ》ぼっくりをもっとよく観察《かんさつ》してみます。ひだとひだの間《あいだ》をしっかり見《み》ると、そこに何《なに》かがはさまっていることがわかります。ピンセットなどを使《つか》って慎重《しんちょう》に取《と》り出《だ》すと……、種子《しゅし》が出《で》てきました！　しかも、プロペラのような羽根《はね》がついています。そう、松《まつ》ぼっくりの中《なか》には、プロペラで風《かぜ》に舞《ま》う種子《しゅし》が入《はい》っているのです。

雨《あめ》の日《ひ》に種子《しゅし》が落《お》ちると、風《かぜ》に乗《の》って遠《とお》くに行《い》くことは難《むずか》しいですが、晴《は》れの日《ひ》に落《お》ちれば、風《かぜ》に乗《の》って遠《とお》くに行《い》ける可《か》能性《のうせい》が高《たか》くなります。天《てん》候《こう》によって閉《と》じたり開《ひら》いたりする性質《せいしつ》があれば、いい条件《じょうけん》のときにだけ種《しゅ》子《し》を落《お》とせるという効果《こうか》があると考《かんが》えられます。お見事《みごと》です。

バレリーナみたいな芽生《めば》え

おまけ情報《じょうほう》　アカマツではなく、クロマツの松《まつ》ぼっくりでも同《おな》じ実験《じっけん》ができますよ！

10月《がつ》 風《かぜ》に乗《の》って運《はこ》ばれるタネ

この季節《きせつ》は、足元《あしもと》によくタネが落《お》ちています。その中《なか》から毛《け》や羽根《はね》のついたタネを探《さが》してみてください。きっとそれは、風《かぜ》に乗《の》って落《お》ちてきたタネです。

※43～45ページでは、本当《ほんとう》は果実《かじつ》だけど見《み》た目《め》は種子《しゅし》に見《み》えるものを「タネ」とカタカナ表記《ひょうき》にしています。「果実《かじつ》」と「種子《しゅし》」と漢字《かんじ》で書《か》いたものは、その言葉通《ことばどお》りの意味《いみ》になります。

シマトリネコ

（モクセイ科《か》）

近年《きんねん》、よく都市部《としぶ》に植《う》えられるようになったシマトネリコ。秋《あき》にたくさんのタネをつけます。風《かぜ》でクルクル回《まわ》るタイプのタネなので、足元《あしもと》を見《み》ると茶色《ちゃいろ》くなったタネがたくさん落《お》ちているときがあります。

ケヤキ（ニレ科《か》）

ケヤキの落《お》ち葉《ば》には２種類《しゅるい》あります。大《おお》きい葉《は》っぱだけが落《お》ちているものと、複数《ふくすう》の小《ちい》さな葉《は》っぱと枝《えだ》がセットになったものです。後者《こうしゃ》のほうをよく見《み》れば、小《ちい》さな葉《は》っぱのつけ根《ね》に小《ちい》さなタネがついていることがわかります。このタネは、一粒《ひとつぶ》でそのまま落《お》ちればただ木《き》の真下《ました》に落《お》ちるだけですが、こうして葉《は》っぱといっしょに落《お》ちれば葉《は》っぱが風《かぜ》を受《う》けるプロペラになり、遠《とお》くまで移動《いどう》することができます。

フヨウとムクゲ（アオイ科《か》）

30ページで観察《かんさつ》したフヨウとムクゲも、このころに果実《かじつ》になります。どちらの種子《しゅし》にも毛《け》が生《は》えていて個性的《こせいてき》。これで空《そら》をフワフワと舞《ま》えるわけではないと思《おも》いますが、風《かぜ》を受《う》けてコロコロ転《ころ》がっていくことはできそうです。

フヨウ

ムクゲ

11月《がつ》になると……

ヒマラヤスギ（マツ科《か》）

枝《えだ》に、こんもりとした丸《まる》い形《かたち》のものがついていたら、ヒマラヤスギかもしれません。11月《がつ》ごろになると地面《じめん》に落《お》ちてくるのですが、そのときの姿《すがた》がまるでバラの花《はな》のようなので、公園《こうえん》の人気者《にんきもの》です。これを分解《ぶんかい》すると、中《なか》から羽根《はね》がついた種子《しゅし》が出《で》てきます。これも空《そら》を舞《ま》う種子《しゅし》です。

ユリノキ（モクレン科《か》）

5月《がつ》に花《はな》を観察《かんさつ》したユリノキ（16ページ）。11月《がつ》に見《み》に行《い》くと樹上《じゅじょう》に円錐形《えんすいけい》のものがついていることに気《き》づきます。これを手《て》でほぐすと簡単《かんたん》にバラバラにできるのですが、じつはこのバラしたひとつひとつが、ユリノキのタネです。この形状《けいじょう》で、やはりクルクル回《まわ》りながら落《お》ちてきます。

アキニレ（ニレ科《か》）

精米《せいまい》したお米《こめ》のような、左右非対称《さゆうひたいしょう》の葉《は》っぱが特徴《とくちょう》のアキニレ。10月以降《がついこう》に楕《だ》円形《えんけい》のタネをたくさんつけます。平《ひら》たくて、風《かせ》を受《う》けやすい形《かたち》になっているので、このまま風《かぜ》に乗《の》って飛《と》んで行《い》き、新天地《しんてんち》へと移動《いどう》します。

11月《がつ》

鳥《とり》に食《た》べられる木《き》の実《み》の観《かん》察《さつ》

植物《しょくぶつ》の中《なか》には、鳥《とり》に食《た》べられることで種子《しゅし》が運《はこ》ばれるものもいます。先月《せんげつ》に引《ひ》き続《つづ》き、今月《こんげつ》も果実《かじつ》と種子《しゅし》の観察《かんさつ》を楽《たの》しみましょう。

トウネズミモチという樹木《じゅもく》があります。街《まち》のあちこちで見《み》かける存在《そんざい》なのに、その知名度《ちめいど》は低《ひく》めです。その理由《りゆう》はおそらく、地味《じみ》だから……。

葉《は》っぱを裏《うら》から見《み》ると……

まずは1を見《み》てみてください。卵形《たまごがた》で、のっぺりした緑《みどり》色《いろ》。まったくもって個性《こせい》がないように見《み》えます。ところが、明《あか》るいほうを背景《はいけい》にして葉《は》っぱを裏《うら》から見《み》ると、どうでしょう。2のように葉《は》っぱの縁《ふち》と葉脈《ようみゃく》が白《しろ》く透《す》けるのです。とってもきれいじゃありませんか？

めてみてください。

葉《は》っぱが対《つい》につくことも特徴《とくちょう》

また、トウネズミモチの葉《は》っぱは、枝《えだ》の1か所《しょ》から対《つい》になるようについていま す5。この葉《は》っぱのつき方《かた》のことを「対生《たいせい》」といいます。これに対《たい》して、葉《は》っぱが互《たが》いちがいにつく場合《ばあい》は「互生《ごせい》」といいます。樹木《じゅもく》は互生《ごせい》のものが多《おお》く、対生《たいせい》のものは少《すく》ないので、対生《たいせい》だったらそれだけでヒントになります。

「対生《たいせい》」で、「よく透《す》ける」。このふたつの特徴《とくちょう》でトウネズミモチを探《さが》したら、ようやく本題《ほんだい》です。

5

鳥《とり》たちに大人気《だいにんき》の実《み》

ある程度《ていど》大《おお》きくなった樹木《じゅもく》で探《さが》すと、その枝先《えださき》に1センチメートルほどの楕円形《だえんけい》の黒《くろ》い果実《かじつ》がたくさんついているのが見《み》つかります6。トウネズミモチの果実《かじつ》は、鳥《とり》の大好物《だいこうぶつ》。ヒヨドリ7やムクドリなどの鳥《とり》がやってきては、果実《かじつ》を食《た》べていきます。そうして、鳥《とり》の体内《たいない》に入《はい》った種子《しゅし》は、どこかでうんちにまぎれて新《あたら》しい土地《とち》にたどり着《つ》きます。そこで新《あたら》しい木《き》が育《そだ》つというわけです。

6
7

9

8

街《まち》のあちこちで、小《ちい》さなトウネズミモチを見《み》る

トウネズミモチの「トウ」は、「透《とう》」ではなく「唐《とう》」。これは、この木《き》が中国《ちゅうごく》から来《き》たことを意味《いみ》します。大気汚染《たいきおせん》に強《つよ》く、成長《せいちょう》が早《はや》いことから、かつては植栽用《しょくさいよう》として多《おお》く植《う》えられたのですが、今《いま》ではよく増《ふ》えることから「重点対策外来種《じゅうてんたいさくがいらいしゅ》(36ページ参照《さんしょう》)」に指定《してい》されています。当時《とうじ》は、こんなにたくさん鳥《とり》が運《はこ》んでしまうことは予想《よそう》できなかったのかもしれませんね89。

おまけ情報《じょうほう》 日本《にほん》の在来種《ざいらいしゅ》は「トウ」がつかない「ネズミモチ」です。こちらは葉《は》があまり透《す》けないので、見《み》つけたら確《たし》か

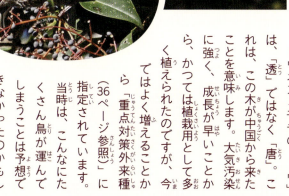

移《い》動《どう》する樹《じゅ》木《もく》

およその目安《めやす》として、「果肉《かにく》があり」「1センチメートルほど」の果実《かじつ》であれば、鳥《とり》が食《た》べる可能性《かのうせい》があります。赤《あか》や青《あお》、黒《くろ》など、色《いろ》はさまざまですので、彩《いろど》りを楽《たの》しみながら探《さが》してみてください。

クスノキ（クスノキ科《か》）

神社《じんじゃ》などで見《み》るほか、駅前《えきまえ》ロータリーをはじめとした街《まち》なかでもよく植《う》えられています。大木《たいぼく》になるのでよく目立《めだ》ちます。果実《かじつ》を割《わ》ると、中《なか》には大《おお》きな黒《くろ》い種子《しゅし》が入《はい》っています。クスノキは、アボカドの仲間《なかま》なので、果実《かじつ》を割《わ》ったときの様子《ようす》がアボカドそっくりです。

はこんな果実《かじつ》も

ミズキ（ミズキ科《か》）

18ページで観察《かんさつ》したミズキは、10月《がつ》ごろに果実《かじつ》に変《か》わります。赤《あか》い軸《じく》に、青《あお》黒《ぐろ》い果実《かじつ》がつき、これも2色《しょく》の対比《たいひ》でよく目立《めだ》ちます。11月《がつ》を過《す》ぎると、果《か》実《じつ》がなくなった赤《あか》い軸《じく》の部分《ぶぶん》だけが地面《じめん》に落《お》ちていることがあります。赤《あか》いサンゴが落《お》ちているみたいで、素敵《すてき》です。

クサギ（シソ科《か》）

31ページで花《はな》の観察《かんさつ》をしたクサギ。9月《がつ》過《す》ぎにはあざやかな果《か》実《じつ》に変《か》わります。赤《あか》い部分《ぶぶん》はがくで、紺色《こんいろ》の部《ぶ》分《ぶん》が果実《かじつ》です。赤《あか》と紺《こん》の色《いろ》の対比《たいひ》がとてもよく目立《めだ》つので、きっとこれは鳥《とり》の目《め》にもよく目立《めだ》つ姿《すがた》なのだろうと思《おも》います。

11月《がつ》　鳥《とり》に食《た》べられて

キャラボク（イチイ科《か》）

植《う》え込《こ》みなどで見《み》ることがあるキャラボク。この時《じ》期《き》は赤《あか》い果実《かじつ》をつけます。……といいたくなりますが、正確《せいかく》にいうと、この赤《あか》い部分《ぶぶん》は仮種皮《かしゅひ》と呼《よ》ばれるもので果肉《かにく》ではありません。でも種子《しゅし》の皮《かわ》でもないので、「仮《かり》」の「種皮《しゅひ》」と呼《よ》びます。中《なか》にある黒《くろ》い部分《ぶぶん》が種子《しゅし》で、人《ひと》には有毒《ゆうどく》です。

クチナシ（アカネ科《か》）

オレンジ色《いろ》に色《いろ》づくので、人《ひと》の目《め》にもよく目立《めだ》ちます。鳥《とり》が丸飲《まるの》みすることはできないサイズなので、果実《かじつ》の側面《そくめん》を鳥《とり》がかじった痕《あと》がよく残《のこ》っています。果《か》肉《にく》もあざやかなオレンジ色《いろ》で、食《た》べかけの果実《かじつ》もよく目立《めだ》ちます。

9~10月《がつ》にかけて

コブシ（モクレン科《か》）

3月《がつ》と8月《がつ》に観察《かんさつ》したコブシ（6ページと35ページ）は、10月《がつ》にはいよいよ果実《かじつ》になります。花《はな》からは想像《そうぞう》もつかない姿《すがた》になっていておどろきますが、おそらくこれも鳥《とり》の目《め》には目立《めだ》って見《み》えるのでしょう。赤《あか》いところをつまんで引《ひ》っ張《ぱ》ると、びよーんと糸状《いとじょう》のものが伸《の》びるのがおもしろいです。

コラム3 生物季節《せいぶつきせつ》モニタリングに参加《さんか》してみよう！

わたしが小学生《しょうがくせい》のころ（1990年代《ねんだい》）、東京《とうきょう》のソメイヨシノは、学校《がっこう》の入学式《にゅうがくしき》のころに満開《まんかい》になるものと、とらえられていました。年《とし》により差《さ》はあるものの、満開《まんかい》になるのは4月上旬《がつじょうじゅん》あたりのことが多《おお》かったのです。ところが、2020年代《ねんだい》の現在《げんざい》では、ソメイヨシノは3月下旬《がつげじゅん》の卒業《そつぎょう》式《しき》のころに満開《まんかい》になるような年《とし》が増《ふ》えてきたように感《かん》じます。

この変化《へんか》の背景《はいけい》には、気候《きこう》変動《へんどう》や都市部《としぶ》のヒートアイランド現象《げんしょう》の影響《えいきょう》が考《かんが》えられます。冬《ふゆ》を越《こ》えたソメイヨシノは、気温《きおん》の上昇《じょうしょう》に応《おう》じて開花《かいか》します。なので、冬《ふゆ》が短《みじか》くなり、春《はる》の気温上昇《きおんじょうしょう》が早《はや》く進《すす》むと、開花時期《かいかじき》が早《はや》くなるのです。

生物《せいぶつ》は、周辺《しゅうへん》の温度《おんど》や日当《ひあ》たりのような外的環境《がいてきかんきょう》と応答《おうとう》しながら生《い》きています。なので、気候《きこう》が変《か》われば、その活《かつ》動《どう》のタイミングも変《か》わります。これから気候変動《きこうへんどう》が進《すす》むと、生物《せいぶつ》や生態系《せいたいけい》にはどのような影響《えいきょう》が起《お》きるのでしょうか。それを知《し》るのに重要《じゅうよう》なのが、過去《かこ》の記録《きろく》の積《つ》み重《かさ》ねです。過去《かこ》の気候《きこう》と生物《せいぶつ》の活動《かつどう》の関係《かんけい》のデータがあれば、それをもとに、現在《げんざい》や未来《みらい》のことを推測《すいそく》することができるかもしれません。

日本《にほん》では、1953年《ねん》から2020年《ねん》の長《なが》い期間《きかん》、花《はな》の開花《かいか》や、鳥《とり》の初鳴《はつな》きなどを、気象《きしょう》庁《ちょう》が観測《かんそく》して記録《きろく》してきました。それを継続的《けいぞくてき》に発展《はってん》させる形《かたち》で、2021年《ねん》からは、国立環境研究所《こくりつかんきょうけんきゅうじょ》が、気象《きしょう》庁《ちょう》と環境省《かんきょうしょう》と連携《れんけい》しながら「市民参加《しみんさんか》による」生物季節《せいぶつきせつ》モニタリングを開始《かいし》しています。

市民参加《しみんさんか》とはどういう意味《いみ》かというと、なんと、わたしも、あなたも、この調査《ちょうさ》に参《さん》加《か》できるようになったということです。2024年《ねん》に、わたしもこの調査員《ちょうさいん》に登録《とうろく》しました。これから、ウメの花《はな》が咲《さ》いたり、クワの芽《め》の中身《なかみ》が出《で》てきたりしたら、その日付《ひづけ》と観察地《かんさつち》の記録《きろく》などを事務局《じむきょく》に報告《ほうこく》しようと思《おも》っています。日本全国《にほんぜんこく》の調査員《ちょうさいん》からのデータが集《あつ》まると、それをもとに研究者《けんきゅうしゃ》が、研究《けんきゅう》をしてくれます。

わたしは、ふだんはただ楽《たの》しいなぁと思《おも》って植物観察《しょくぶつかんさつ》をしていますが、これからは、個人《こじん》の楽《たの》しみが、調査《ちょうさ》・研究《けんきゅう》の役《やく》に立《た》つかもしれない。そう思《おも》うと、とてもわくわくした気持《きも》ちになってきます。

この調査《ちょうさ》への参加《さんか》は、とても楽《たの》しく、かつ有用《ゆうよう》な環境問《かんきょうもん》題《だい》への取《と》り組《く》みです。現時点《げんじてん》で生物《せいぶつ》を見分《みわ》けられる人《ひと》は、ぜひ調査員《ちょうさいん》になってみてはいかがでしょうか。くわしくは、気候変動適応情報《きこうへんどうてきおうじょうほう》プラットフォームより調《しら》べることができます。

市民調査員《しみんちょうさいん》と連携《れんけい》した生物季節《せいぶつきせつ》モニタリング

https://adaptation-platform.nies.go.jp/ccca/monitoring/phenology/index.html

冬《ふゆ》

寒《さむ》く、太陽《たいよう》が出《で》る時間《じかん》が短《みじか》い冬《ふゆ》は、
多《おお》くの樹木《じゅもく》にとってちょっとお休《やす》みの期間《きかん》です。
でも、こんなときでも楽《たの》しめる観察《かんさつ》があります。
樹木《じゅもく》は葉《は》っぱをどのように落《お》とすのか、
冬《ふゆ》の枝先《えださき》には何《なに》がついているのか。
冬《ふゆ》ならではの観察《かんさつ》テーマがたくさんあります。
ほかの季節《きせつ》とはちょっとちがった観察《かんさつ》を楽《たの》しみましょう。

12月《がつ》

さまざまな色《いろ》の紅《こう》葉《よう》を楽《たの》しもう

場《ば》所《しょ》によって時《じ》期《き》がずれますが、東《とう》京《きょう》では11月《がつ》下《げ》旬《じゅん》から12月《がつ》中《ちゅう》旬《じゅん》にかけて紅《こう》葉《よう》が見《み》ごろになります。赤《あか》や黄《き》に染《そ》まった葉《は》っぱが落《お》ちれば、いよいよ冬《ふゆ》の到《とう》来《らい》です。その前《まえ》に秋《あき》の観《かん》察《さつ》を楽《たの》しんでおきましょう。

晩《ばん》秋《しゅう》の公《こう》園《えん》を歩《ある》いていると、あまい香《かお》りがふわっとただよってくることがあります。それを感《かん》じたら、黄《き》色《いろ》くてハート形《がた》の落《お》ち葉《ば》がないか探《さが》してみてください。それを拾《ひろ》って香《かお》りを確《たし》かめてみると……。

キャラメルの香《かお》りの正《しょう》体《たい》は……

なんとそこから、キャラメルのようなあまい香《かお》りがしてきます。「黄《き》色《いろ》」「ハート」「あまい香《かお》り」。もうこのヒントだけで十《じゅう》分《ぶん》です。その正《しょう》体《たい》は、カツラの木《き》。上《うえ》を見《み》上《あ》げれば、黄《き》色《いろ》く色《いろ》づいた葉《は》っぱがあるはずです。香《かお》りもいい。見《み》た目《め》がきれいで、ぜひ覚《おぼ》えてほしい樹《じゅ》木《もく》です。

春《はる》の葉《は》っぱはこんな感《かん》じ

葉《は》っぱの縁《ふち》が、丸《まる》く波《なみ》打《う》っていることも特《とく》徴《ちょう》

7

黄色《きいろ》い黄葉《こうよう》と、赤《あか》い紅葉《こうよう》

さて、カツラは秋《あき》には黄色《きいろ》い葉《は》っぱになったので、これを「黄葉《こうよう》」と呼《よ》びます。

対《たい》して、イロハモミジのように赤《あか》い葉《は》っぱになるものは「紅葉《こうよう》」と呼《よ》びます。木《き》の種類《しゅるい》によって、さまざまな色《いろ》が見《み》られることが、この季節《きせつ》のおもしろさです 7 。

オレンジ色《いろ》、紫色《むらさきいろ》の紅葉《こうよう》もあった!

8

ナンキンハゼ

9

黄色《きいろ》い黄葉《こうよう》、赤《あか》い紅葉《こうよう》とくれば、もしかして、ほかにも色《いろ》があるのでしょうか。探《さが》してみましょう。

意識《いしき》して探《さが》してみると、ナンキンハゼはオレンジ色《いろ》や紫色《むらさきいろ》に色《いろ》づき、モミジバフウは黄色《きいろ》、赤《あか》、紫《むらさき》と、さまざまな色《いろ》に変化《へんか》しているのがわかりました。秋《あき》の色《いろ》づきは、黄《き》や赤《あか》だけではないのですね。

10

モミジバフウ

落葉《らくよう》寸前《すんぜん》にかがやきを見《み》せる晩秋《ばんしゅう》の樹木《じゅもく》たち。この時期《じき》は単純《たんじゅん》に、「きれいだなぁ」と感《かん》じるだけで十分《じゅうぶん》なのかなと思《おも》います。それだって立派《りっぱ》な観察《かんさつ》ですから。

おまけ情報《じょうほう》　あまく香《かお》るとカツラにどんないいことがあるのかは、よくわかっていないようです。不思議《ふしぎ》ですね。

ツタ（ナツヅタ）
（ブドウ科《か》）

黄色《きいろ》

コブシ
（モクレン科《か》）

トチノキ
（ムクロジ科《か》）

イチョウ
（イチョウ科《か》）

見《み》比《くら》べよう

近所《きんじょ》で探《さが》すだけでも、さまざまな色《いろ》の紅葉《こうよう》があります。秋《あき》の色《いろ》探《さが》しに出《で》かけよう！

オレンジ～茶色《ちゃいろ》

ケヤキ
（ニレ科《か》）

ユキヤナギ
（バラ科《か》）

イヌビワ
（クワ科《か》）

ソシンロウバイ
（ロウバイ科《か》）

クヌギ
（ブナ科《か》）

12月《がつ》 紅葉《こうよう》の色《いろ》を

赤色《あかいろ》

サルスベリ
（ミソハギ科《か》）

ドウダンツツジ
（ツツジ科《か》）

ハゼノキ
（ウルシ科《か》）

ニシキギ
（ニシキギ科《か》）

ヤマボウシ
（ミズキ科《か》）

ミズキ
（ミズキ科《か》）

ソメイヨシノ
（バラ科《か》）

メタセコイア
（ヒノキ科《か》）

1月《がつ》

冬《ふゆ》の樹《じゅ》木《もく》は、どう過《す》ごしてる？

冬《ふゆ》は、植物観察《しょくぶつかんさつ》もひと休《やす》み。そんなイメージがあるかもしれませんが、じつはとっておきの楽《たの》しみがあります。それが冬芽《ふゆめ》※観察《かんさつ》です。冬《ふゆ》でも外《そと》に出《で》て、観察《かんさつ》を楽《たの》しみましょう！

※冬芽《ふゆめ》は、冬《ふゆ》の木《き》の枝《えだ》についているカプセル状《じょう》のもののこと。

ガクアジサイ

1

冬芽《ふゆめ》の楽《たの》しみ方《かた》は、とっても簡単《かんたん》。樹木《じゅもく》の枝先《えださき》を、ただ見《み》るだけです。それだけで1～5のようなかわいらしい姿《すがた》にたくさん出会《であ》うことができます。

オニグルミ

4

クサギ

2

フジ

3

マルバアオダモ

5

鱗《うろこ》で守《まも》るソメイヨシノ

冬芽《ふゆめ》は、見《み》るだけでも十分《じゅうぶん》に楽《たの》しめますが、ここでは少《すこ》し、冬芽《ふゆめ》の作戦《さくせん》も観察《かんさつ》してみます。

まずはソメイヨシノの冬芽《ふゆめ》から。見《み》ると、外側《そとがわ》に鱗《うろこ》のようなものがついています6。これをピンセットでつまんではがしていくと、中《なか》から花《はな》のつぼみや、小《ちい》さな葉《は》っぱが出《で》てきます7～9。

冬芽《ふゆめ》の中《なか》には、翌年《よくとし》の春《はる》に出《で》る花《はな》や葉《は》っぱの元《もと》が入《はい》っていて、これらを冬《ふゆ》の乾燥《かんそう》や寒《さむ》さから守《まも》るように、外側《そとがわ》を鱗《うろこ》がおおっているというわけです。このように、鱗《うろこ》をもつ冬芽《ふゆめ》のことを「鱗芽《りんが》」と呼《よ》びます。

6

7

8

9

冬芽《ふゆめ》の鱗《うろこ》をすべて取《と》った様子《ようす》

やすいかもしれません。

裸《はだか》でたえるムラサキシキブ

続《つづ》いて、ムラサキシキブを見《み》てみます。今度《こんど》は冬芽《ふゆめ》の外《そと》側《がわ》には鱗《うろこ》が見《み》当《あ》たらず、葉《は》っぱの葉脈《ようみゃく》の筋《すじ》が見《み》えます。ということは、これは葉《は》っぱそのものが小《ちい》さく縮《ちぢ》こまっているだけのようです 10 。表面《ひょうめん》には細《こま》かい毛《け》がびっしり生《は》えていて、これが防寒対策《ぼうかんたいさく》に役《やく》立《だ》っていそうです 11 。このように、鱗《うろこ》はもたず、裸《はだか》のままの芽《め》のことは「裸芽《らが》」と呼《よ》びます。

「鱗芽《りんが》」と「裸芽《らが》」は見《み》た目《め》でわかるので、この冬芽《ふゆめ》はどちらかな？と、観察《かんさつ》してみてください。

冬芽《ふゆめ》の横断面《おうだんめん》。緑色《みどりいろ》の葉《は》っぱのまわりに茶色《ちゃいろ》い毛《け》が厚《あつ》く密生《みっせい》していることがわかる。

でもちょっと待《ま》った。この顔《かお》は、なんなの？

冬芽《ふゆめ》には、人《ひと》や動物《どうぶつ》の顔《かお》に見《み》えるものがあります。でも、冬芽《ふゆめ》自体《じたい》は、顔《かお》の上《うえ》にある髪《かみ》の毛《け》や帽子《ぼうし》の部分《ぶぶん》です。その下《した》にある顔《かお》は一体《いったい》なんなのでしょうか？

先《さき》に答《こた》えを書《か》くと、これは葉《は》っぱが取《と》れた痕《あと》です。たとえば、今《いま》にも落《お》ちそうなサンゴジュの葉《は》っぱを取《と》ると、そこに顔《かお》が現《あらわ》れます 12 13 。葉《は》っぱが取《と》れた痕《あと》なので、これを「葉痕《ようこん》」と呼《よ》びます。

取《と》った葉《は》っぱのつけ根《ね》を見《み》ると、こちらにも同《おな》じ顔《かお》があります 14 。この点々《てんてん》は、葉《は》っぱと枝《えだ》をつなぐ、水《みず》や養分《ようぶん》の通《とお》り道《みち》。葉《は》っぱが取《と》れると、その名残《なごり》が痕跡《こんせき》として残《のこ》るというわけです。

見《み》て楽《たの》しい、知《し》っても楽《たの》しい冬芽観察《ふゆめかんさつ》。まずは近《ちか》くに生《は》えている樹木《じゅもく》の枝先《えださき》に注目《ちゅうもく》するところからはじめてみてください。

おまけ情報《じょうほう》　日本《にほん》では、鱗芽《りんが》をもつ木《き》が多《おお》く、裸芽《らが》をもつ木《き》は少数派《しょうすうは》です。なので、裸芽《らが》が見《み》つかったら、その名前《なまえ》は調《しら》べ

鱗《うろこ》の枚数《まいすう》はさまざま

ヒメシャラ

鱗《うろこ》の枚数《まいすう》に注目《ちゅうもく》すると、ヒメシャラのように5枚《まい》ほどの少《すく》ないものがあれば、コナラのように52枚《まい》もあるものなど、いろいろあっておもしろいです。ただ、これは実際《じっさい》にわたしが数《かぞ》えた結果《けっか》で、個体《こたい》によって鱗《うろこ》の数《かず》は変《か》わります。ぜひ数《かぞ》えてみてください。

コナラ

観察《かんさつ》しよう

冬芽《ふゆめ》の外側《そとがわ》が鱗《うろこ》でおおわれる「鱗芽《りんが》」には、さまざまなパターンがあります。鱗芽《りんが》の個性《こせい》を楽《たの》しみましょう。

キャップ鱗芽《りんが》

ユリノキやホオノキの冬芽《ふゆめ》はつるっつる。まるで鉛筆《えんぴつ》のキャップをかぶっているかのようです。芽吹《めぶ》きの際《さい》、このキャップが割《わ》れてはがれていく様子《ようす》もおもしろいです。

春《はる》、キャップが取《と》れる

ホオノキ

ユリノキ

ベタベタ鱗芽《りんが》

トチノキの冬芽《ふゆめ》は、表面《ひょうめん》がベタベタしています。樹脂《じゅし》のようなものがついていて、光《ひかり》に当《あ》たるとチラチラとかがやきます。どうしてベタつくのかはわかりませんが、これで防寒性《ぼうかんせい》能《のう》が上《あ》がったり、虫《むし》の食害対策《しょくがいたいさく》になっているのではないかとは想像《そうぞう》できます。

フサフサ鱗芽《りんが》

ハクモクレンやコブシの冬芽《ふゆめ》は、表面《ひょうめん》がフサフサしていて、手《て》ざわりがとてもいいです。鱗《うろこ》に毛《け》が生《は》えているので、防《ぼう》寒性能《かんせいのう》はさらに高《たか》まっていそうに見《み》えます。

コブシ

ハクモクレン

1月《がつ》 鱗芽《りんが》のパターンを

新緑《しんりょく》もお楽《たの》しみに！

冬芽《ふゆめ》を観察《かんさつ》しておくと、春《はる》の芽吹《めぶ》きが楽《たの》しみになります。魅力的《みりょくてき》なものが多《おお》いので、冬《ふゆ》の観察《かんさつ》をしたら、ぜひ春《はる》の観察《かんさつ》もしてみてください。

シロダモ

ヤツデ

コナラ

クスノキ

2月《がつ》

冬《ふゆ》に咲《さ》く花《はな》を訪《おとず》れるのはだれ？

一年《いちねん》でいちばん寒《さむ》い時期《じき》になりました。春《はる》から秋《あき》に比《くら》べると少《すく》ないものの、冬《ふゆ》でも花《はな》を咲《さ》かせる樹木《じゅもく》があるので、花《はな》の観察《かんさつ》を楽《たの》しみましょう。

冬《ふゆ》に咲《さ》く花《はな》として、身近《みぢか》な場所《ばしょ》でも存在感《そんざいかん》があるヤブツバキ。赤《あか》く、５センチメートルほどの大《おお》きな花《はな》が多《おお》く咲《さ》くので、わざわざ探《さが》すまでもなく、通《とお》りを歩《ある》いていれば、その姿《すがた》が目《め》に飛《と》び込《こ》んできます1 2。

1

2

冬《ふゆ》に咲《さ》いて、いいの？

目立《めだ》つ花《はな》びらをもつ花《はな》は、動物《どうぶつ》に来《き》てもらって、花粉《かふん》を運《はこ》んでもらいます。日本《にほん》では、その役割《やくわり》の多《おお》くを虫《むし》が担《にな》いますが、春《はる》から秋《あき》にかけてよく動《うご》く虫《むし》も、冬《ふゆ》はあまり姿《すがた》を見《み》せなくなります。なので、冬《ふゆ》は植物《しょくぶつ》もあまり花《はな》を咲《さ》かせません。

ところが、このヤブツバキは、そんな冬《ふゆ》に花《はな》を咲《さ》かせるのです。雄《お》しべからは花粉《かふん》がたくさん出《で》ています3。一体《いったい》、だれがこの花《はな》を訪《おとず》れ、花粉《かふん》を運《はこ》んでいくのでしょうか。

3

鳥《とり》がやってきた！

ヤブツバキの花《はな》を少《すこ》し遠《とお》くから見《み》ていると、その答《こた》えはすぐにわかります。ヒヨドリがやってきて、花《はな》の中《なか》に頭《あたま》を突《つ》っ込《こ》む様子《ようす》が観察《かんさつ》できるからです[4]。花《はな》から顔《かお》をあげたヒヨドリの顔《かお》を見《み》ると、くちばしのまわりに黄色《きいろ》い花粉《かふん》がびっしりついています[5]。このままほかのヤブツバキの花《はな》にまた顔《かお》を突《つ》っ込《こ》んだら、そこで受粉《じゅふん》が行《おこな》われるであろうことは容易《ようい》に想像《そうぞう》ができます。

4

5

花《はな》の中《なか》には、たくさんの蜜《みつ》が

ヒヨドリくらい大《おお》きな鳥《とり》が花《はな》に顔《かお》を突《つ》っ込《こ》んで、何《なに》をしているのかが気《き》になったので、花《はな》を割《わ》って中《なか》を見《み》てみました。するとそこにはたくさんの蜜《みつ》がありました[6]。食料《しょくりょう》となる木《き》の実《み》や虫《むし》が少《すく》ない季《き》節《せつ》に、この蜜《みつ》は鳥《とり》にとっては貴重《きちょう》な栄養源《えいようげん》です。

6

ヒヨドリ以外《いがい》にも、メジロがよくこの花《はな》を訪《おとず》れますが、メジロは動《うご》きが速《はや》く、観察《かんさつ》するのが難《むずか》しい鳥《とり》です[7]。でも、メジロがこの花《はな》を訪《おとず》れている証拠《しょうこ》なら、簡単《かんたん》に見《み》つけることができます。地面《じめん》に落《お》ちた花《はな》を見《み》ると、花《はな》びらに小《ちい》さな穴《あな》が開《あ》いていることがあります[8]。これが、メジロが花《はな》びらに足《あし》をかけていた傷跡《きずあと》です。痕跡《こんせき》から推測《すいそく》する観察《かんさつ》もおもしろいものです。

7

8

おまけ情報《じょうほう》　風《かぜ》で花粉《かふん》を運《はこ》ぶ植物《しょくぶつ》もあります。それらは目立《めだ》って動物《どうぶつ》をさそう必要《ひつよう》がないので、花《はな》びらをもちません。

ヒサカキ（サカキ科《か》）

ソシンロウバイ（ロウバイ科《か》）

この季節《きせつ》に公園《こうえん》を歩《ある》いていて、強《つよ》くあまい香《かお》りがただよってきたら、近《ちか》くでロウバイの仲間《なかま》が咲《さ》いているかもしれません。ろう細工《ざいく》のような美《うつく》しい花《はな》です。よく見《み》るのは、花《はな》の中《なか》まで黄色《きいろ》いソシンロウバイ。花《はな》の中《なか》が赤《あか》いものがあれば、それはロウバイです。

ロウバイ

ソシンロウバイ

を楽《たの》しもう

2月《がつ》に咲《さ》く樹木《じゅもく》の花《はな》はほかにもあります。これらを観察《かんさつ》しながら、やがてやってくる春《はる》を待《ま》ちましょう。

ウメ（バラ科《か》）

モモやサクラなどの花《はな》と似《に》ていますが、2月《がつ》ころに咲《さ》いていれば、まずウメかなと思《おも》って調《しら》べてみてください。わたしはいつも花《はな》が咲《さ》く直前《ちょくぜん》の、冬芽《ふゆめ》がふくらんでいく様子《ようす》がかわいいなと思《おも》って見《み》ています。

シナマンサク（マンサク科《か》）

公園《こうえん》や街路《がいろ》に植《う》わっていることがあります。冬《ふゆ》でも枯《か》れ葉《は》を枝《えだ》につけ続《つづ》けていて、リボンのような花《はな》びらをもつ変《か》わった花《はな》を咲《さ》かせます。多《おお》くの栽培品種《さいばいひんしゅ》があり、花《はな》の色《いろ》は黄色《きいろ》から赤《あか》までさまざまです。

あまい香《かお》りではなく、ガスのようなにおいがただよってきたら、ヒサカキの花《はな》が近《ちか》くにあるかもしれません。長《なが》さ４ミリメートルほどの小《ちい》さな花《はな》が葉《は》っぱの裏《うら》に咲《さ》くので、ロウバイのようには目《め》立《だ》ちません。においの元《もと》をたどっていき、探《さが》してみてください。たくあんのにおいという感想《かんそう》もよく聞《き》きます。

2月《がつ》に咲《さ》く花《はな》

ヒイラギナンテン（メギ科《か》）

公園《こうえん》などでよく見《み》る、トゲトゲの葉《は》っぱをもった小《ちい》さな木《き》です。さわるとちくっと痛《いた》いくらい葉《は》っぱの縁《ふち》がとがっているので、見分《みわ》けは簡単《かんたん》です。２月《がつ》ころに黄色《きいろ》い花《はな》が咲《さ》き、これもまたあまく香《かお》ります。

ヤツデ（ウコギ科《か》）

本当《ほんとう》は11月中下旬《がつちゅうげじゅん》から12月《がつ》にかけてよく咲《さ》いていますが、２月《がつ》でもたまに開花《かいか》しているのを見《み》るので、紹介《しょうかい》します。天狗《てんぐ》のうちわのような大《おお》きな葉《は》っぱを持《も》つ樹木《じゅもく》で、小《ちい》さな花《はな》が集《あつ》まってピンポン玉《だま》のような姿《すがた》になった花《はな》を咲《さ》かせます。花《はな》の中心《ちゅうしん》から蜜《みつ》がたくさん出《で》ているので、虫《むし》がよく訪《おとず》れます。

コラム4 定点観察《ていてんかんさつ》のすすめ

植物《しょくぶつ》を観察《かんさつ》していると、とてもうれしい気持《きも》ちになることがあります。ぼくの場合《ばあい》、その多《おお》くは、植物《しょくぶつ》の「変化《へんか》」を見《み》たときです。かたい冬芽《ふゆめ》から、やわらかい葉《は》っぱが出《で》てきたとき。つぼみが開《ひら》き、花《はな》を咲《さ》かせたとき。緑色《みどりいろ》だった葉《は》っぱが紅葉《こうよう》していくとき。そうした変化《へんか》を見《み》ると、あぁ、植物《しょくぶつ》も生《い》きているんだ。と、ぼくの胸《むね》は熱《あつ》くなるのです。

変化《へんか》を観察《かんさつ》する際《さい》は、樹木《じゅもく》を対象《たいしょう》にするのがおすすめです。樹木《じゅもく》は長生《ながい》きなので、根《ね》を下《お》ろした場所《ばしょ》に、何十年《なんじゅうねん》も居続《いつづ》けます。これはつまり、会《あ》いたくなったら、いつでも会《あ》いに行《い》けるということです。樹木《じゅもく》はにげません。ぼくたちは、落《お》ち着《つ》いた気持《きも》ちで、心《こころ》ゆくまで相手《あいて》を観察《かんさつ》することができます。

コラム3（50ページ）でもふれましたが、開花《かいか》や結実《けつじつ》など、植物《しょくぶつ》が変化《へんか》する時期《じき》は、年《とし》によって変《か》わります。そうすると、今年《ことし》はイチョウの芽吹《めぶ》きがおそいなぁとか、サツキがもう咲《さ》いてるぞ、といったように、定点《ていてん》観察《かんさつ》をしている樹木《じゅもく》から、その年《とし》の季節《きせつ》の進《すす》み方《かた》を感《かん》じることができるようにもなります。

カレンダー以外《いがい》から季節《きせつ》を知《し》ることができるようになると、自分《じぶん》と自然《しぜん》がつながったような気《き》がして、うれしい気持《きも》ちになるものです。

身近《みぢか》な場所《ばしょ》で、自分《じぶん》の樹木《じゅもく》を1本決《ぽんき》めて、定点観察《ていてんかんさつ》をはじめてみてはいかがでしょうか。きっと、そんなところから、樹《じゅ》木《もく》への理解《りかい》はぐっと深《ふか》まっていくことと思《おも》います。

ユリノキの1年《ねん》の変化《へんか》

参考文献《さんこうぶんけん》

『山溪ハンディ図鑑14　樹木の葉 実物スキャンで見分ける1100種類』林 将之（著）山と溪谷社

『観察する目が変わる植物学入門』矢野興一（著）ベレ出版

『図説 植物用語事典』清水建美（著）梅林正芳（画）亘理俊次（写真）八坂書房

『増補改訂 植物の生態図鑑（大自然のふしぎ）』多田多恵子・田中肇（監・著）Gakken

『新 紅葉ハンドブック』林将之（著）文一総合出版

『ネイチャーウォッチングガイドブック 増補改訂 草木の種子と果実 形態や大きさが一目でわかる734種』鈴木庸夫・高橋 冬・安延尚文（著）誠文堂新光社

『樹木の名前 和名の由来と見分け方』高橋勝雄・長野伸江・茂木 透（著）山と溪谷社

『樹木の冬芽図鑑』菱山忠三郎（著）オリジン社、主婦の友社

YList 植物和名－学名インデックス　米倉浩司・梶田忠 http://ylist.info

あとがき

ぼくは、樹木《じゅもく》が好《す》きです。いちばんの理由《りゆう》は、「いつも、そこにいてくれるから」です。樹木《じゅもく》は大《おお》きく、しかも長《なが》生《い》きなので、自分《じぶん》の家《いえ》の近所《きんじょ》で気《き》に入《い》った樹木《じゅもく》が見《み》つかったら、何度《なんど》でもくり返《かえ》し観察《かんさつ》することができます。ぼくは、それを魅力《みりょく》に感《かん》じています。

この本《ほん》ではたびたび、「定《てい》点観察《てんかんさつ》」をおすすめしてきました。樹木《じゅもく》の生《い》き方《かた》を観《かん》察《さつ》する際《さい》、たぶんそれがいちばん簡単《かんたん》で、かつ有意義《ゆういぎ》だと思《おも》うからです。

植物観察《しょくぶつかんさつ》の基本《きほん》は、まずは相手《あいて》の名前《なまえ》を知《し》ることにあります。「樹木《じゅもく》」と漠然《ばくぜん》ととらえていたものを、「これはエノキ」、「これはソヨゴ」と分《わ》けていくと、そこでようやくそれぞれの種類《しゅるい》の個《こ》性《せい》が見《み》えてきます。

でも、名前《なまえ》を覚《おぼ》えると、こんなふうに思《おも》ってしまうときがあります。「あっ、これはケヤキだ。うん、知《し》ってる。」と。こう思《おも》ったとき、ぼくはいつも自分自身《じぶんじしん》に、その「知《し》ってる」は、何《なに》を知《し》ってるのだろうか、と問《と》いかけるようにしています。

そして、「そういえば、ケヤキの花《はな》って見《み》たことあったっけ？」とか、「ケヤキが種子《しゅし》から芽生《めば》えるところってどんな様子《ようす》かな？」と、自分《じぶん》がまだ知《し》らないケヤキのことを考《かんが》えてみるのです。

「まだ知《し》らないこと」を思《おも》いついたら、それを「今度《こんど》観察《かんさつ》したいもののメモ」として、ノートに書《か》きとめておきます。「来年《らいねん》の6月《がつ》、センリョウの花《はな》の作《つく》りを観察《かんさつ》」とか、「アオギリの若《わか》い実《み》をあけて、中身《なかみ》を確認《かくにん》」とかいったようにです。

こんなリストを、ぼくは毎年《まいとし》作《つく》っているのですが、このリストに書《か》かれる項目《こうもく》は、年々《ねんねん》減《へ》っていくどころか、どんどん増《ふ》えていきます。不思議《ふしぎ》なことに、植物《しょくぶつ》は知《し》れば知《し》るほど、知《し》らないことが増《ふ》えていくのです。

身近《みぢか》な樹木《じゅもく》の「知《し》りたいこと」が山積《やまづ》みのぼくは、日々近所《ひびきんじょ》で過《す》ごしているだけで幸《しあわ》せです。なぜなら、毎日《まいにち》のように、自分《じぶん》にとっての新発見《しんはっけん》が見《み》つかるからです。こんな調子《ちょうし》で過《す》ごしていたら、きっとぼくは一《いっ》生《しょう》、植物《しょくぶつ》を楽《たの》しみ続《つづ》けていけるのだろうなぁと思《おも》っています。

こんなにも楽《たの》しい植物《しょくぶつ》の世界《せかい》を、皆《みな》さんにもぜひ知《し》っていただきたい。そんな気持《きも》ちでこの本《ほん》を書《か》きました。まずは近所《きんじょ》に生《は》えている樹木《じゅもく》を見《み》るところから、はじめてみてください！

この本《ほん》に登《とう》場《じょう》する樹《じゅ》木《もく》

著者

鈴木　純

植物観察家。植物生態写真家。1986年、東京都生まれ。東京農業大学で造園学を学んだのち、中国で砂漠緑化活動に従事する。帰国後、国内外の野生植物を見て回り、2018年にまち専門の植物ガイドとして独立。著書に『そんなふうに生きていたのね まちの植物のせかい』(雷鳥社)、写真絵本『シロツメクサはともだち』(ブロンズ新社) など多数。NHK『ダーウィンが来た!』をはじめ、テレビやラジオへの出演や取材協力なども行う。2021年に東京農業大学 緑のフォーラム「造園大賞」を受賞。東京農業大学非常勤講師。

イラスト

いわさゆうこ (p.47)

季節《きせつ》の生《い》きもの事典《じてん》2

身近《みぢか》な樹木《じゅもく》の生《い》き方《かた》観察《かんさつ》12か月《げつ》

2025年4月30日 初版第1刷発行

著　者　鈴木 純

発行者　斉藤 博
発行所　株式会社 文一総合出版
〒102-0074
東京都千代田区九段南3-2-5 ハトヤ九段ビル4階
tel. 03-6261-4105　fax. 03-6261-4236
https://www.bun-ichi.co.jp/
振　替　00120-5-42149
印　刷　奥村印刷株式会社
デザイン　窪田実莉

ISBN978-4-8299-9024-7　NDC470　B5 (182×257mm)　Printed in Japan